原発の即時廃止は可能だ

Sortir du nucléaire c'est possible avant la catastrophe

Roger et Bella Belbéoch

ロジェ＆ベラ・ベルベオーク著
桜井醇児訳

緑風出版

Sortir du nucléaire
c'est possible avant la catastorophe

by Roger et Bella Belbeoch

目　次

原発の即時廃止は可能だ

破局が近づいていると思われる時に、破局を宣言することは「破局」的であるが、破局が近づいていることを予言しないことによって、破局を起こさせてしまうことはもっと「破局」的である。そして、最も「破局」的なことは、破局について予言することを禁止されてしまうことである。だから私は、意見を沈静化させることのみを念頭にした多くの著者を「破局者」と呼びたい。

フランソワ・パルタン

原子力発電の発展は、進歩への展望のために避けがたいもの、工業社会にとって欠くことのできないものとして、考えられてきた。

フランスにおいては、このような考え方は、矛盾のない見通しの下に大いに広まっていて、原子力産業の猛烈な発展の結果として、ウラニウムが将来、欠乏することが予言されている。そして、我々の政策決定者は「ウラニウム以後」において抜きん出るために、プルトニウムの増殖計画に突き進んでいる。しかしスーパーフェニックスは、数々の事故の結果、産業規模で電気エネルギーを生産することが不可能な施設でしかないことが公式に確認されて、フランスのエネルギー政策の基礎の頼りなさを示すことになった。

フランスで原発の重大事故が、今後、起こりうるものであることは明らかだ。事故結果の重大さこそが、原発によるエネルギーを許容できるかどうかという原子力問題の最も重要なカギとなろう。

第1章

世界の原子力発電

フランスでは原子力発電に重きが置かれ、そのために、世界の全消費エネルギーの中で、原発によって供給されるエネルギーがきわめてわずか（四・五％）に過ぎないという事実は、隠されている。フランスと同じような原発政策が全世界に広がったとしても、原子力発電は、世界の必要とするエネルギーの小部分でしかない。そして、巨大な投資、各国の技術容量、および、特に住民に及ぼす大きな危険性に直面すると、原子力発電に関する熱気は冷めてしまう。先進国であろうが、発展途上国であろうが、ある国家が原発を設備することを望むならば、それは国家の発展の見通しに基づいているのではなく、国家の威信と、プルトニウム、および、その軍事利用を念頭に置くものであろう。

工業国においては、原子力エネルギーの利用の状況は多様である。表1には、工業諸国の原発の普及度を評価するための二つの指標として、一基の原発施設当たりの人口数と、原発の施設容量一〇〇万kW当たりの人口数を記している。表1の数値は、一九九五年十二月三十一日付けのものである。

訳注）この著作の原書では、発電施設の発電容量を表すためには、W（ワット）、kW（キロワット）、MW（メガワット）、GW（ギガワット）、TW（テラワット）などの単位が用いられている。これらの単位は、一〇〇〇倍ずつ大きくなる。日本では、通常、エネルギーの単位としてはWの一〇〇〇倍のkWだけに限って用いられており、大きな発電容量については、万kW、億kW、兆kWなどの単位

表1　1995年の工業諸国の原子力発電施設の密度

	稼動中の原子力発電基数	原子力発電1基当たりの人口(100万人)	電力100万kW当たりの人口(100万人)	原子力発電1基当たりの面積(km^2)	原子力発電による総電力の比率(%)
ドイツ	(21)　20	4.1	3.7	17850	29.9
ベルギー	(7)　7	1.5	1.8	4350	55.3
スペイン	(9)　9	4.4	5.5	54700	32.9
アメリカ	(112)　109	2.4	2.6	85900	22.5
フランス	(56)　56	1.0	1.0	9820	76.0
日本	(42)　52	2.4	3.1	7160	33.0
英国	(37)　35	1.6	4.2	6970	*27.2
スイス	(5)　5	1.4	2.3	8250	38.9

(　) 内は1991年における稼働中の原発基数、*は1993年の値

を用いるが、この万、億、兆などの単位は、一万倍ずつ大きくなる。そのために、これらの二つのエネルギーの単位系を換算する時には、間違いが起こりやすいことを述べておこう。一基の原子力発電の電気出力は、一〇〇万kWに近いものが多いが、これはどの位の働きをする電力なのだろうか？　六畳用の冷暖房の消費電力は一kW程度である。これを政令指定都市の人口一〇〇万人分稼動させるだけの電力が、一〇〇万kWとなるのだ。さらに、もう一つ。例えば一〇〇万kWの原子力発電施設と言えば、その施設の供給する電力が一〇〇万kWであることを指しているのだが、このために施設が消費する核反応によ る熱エネルギーは、その三倍、三〇〇万kW程度に達しており、その差二〇〇万kWほどは、廃熱となり環境に捨てられる。普通、一〇〇万kWの原子力発電の施設といえば、その電気出力の大きさを指しているが、そのことを強調したい時には、一〇〇万電気kWの施設とも表現されている。

一九九六年一月一日、フランスでは原発五六

基が電力網に接続されており、五四基の加圧水型原発（その内、三四基は九〇万kW、二〇基は一三〇万kW）、および、二基の高速増殖炉（スーパーフェニックス一二〇万kW、および、フェニックス二三・三万kW）から構成されている。フランスでは、原発一基当たりの人口は一〇〇万人であるが、アメリカでは、原発一基当たりの人口は二四〇万人である。フランスは、工業国の内で、原発が最も普及しており、その普及率は、ドイツに比べて四・一倍、アメリカおよび日本に比べて二・四倍、英国に比べて一・六倍である。

電力一〇〇万kW当たりの住民数は、原子力発電施設の発電容量を考慮している数字であり、原発基数当たりの住民数よりも、国ごとの差はより顕著となる。原子力エネルギーが産業世界の中で不均等に配分されていることを、この指標は示している。原発によって発電された電力の総電力に対する比率の項目にも、この不均等が読み取れる。フランスでは、原発によって供給された電力の総電力比率は七六％を示し、ドイツ（二九・九％）、英国（二七・二％）、アメリカ（二二・五％）をはるかに凌いでいる。しかしリトアニア（八七・五％）では、この数字がさらに大きく、フランスの値はこれに次いで、世界第二位である。シューズB1号が一九九六年八月に、さらに、シューズB2号およびシヴォー1号が電力網に接続されたので、一九九八年一月一日の時点では、フランスでは、加圧水型原発五七基が稼動している。スーパーフェニックスは、操業中止となった（このことについては、後に議論しよう）。

表2　原子力発電体の年次変化

	最も新しい原発の発注	1991年における新原発基数			1995年における新原発基数			2010年における稼働中の原発の予想基数	
	年	建設中	発注済	計画中	建設中	発注済	計画中		
ドイツ	1980	0	0	2	0	0	1	(21)	19
ベルギー	1974	0	0	0	0	0	0	(7)	5
スペイン	1975	2	1	0	0	0	0	(9)	8
アメリカ	1973	8	0	0	1	0	0	(112)	90
フランス	1993	5	0	5	4	0	8	(56)	61
日本	1994	11	2	32	2	2	27	(42)	62
イギリス	1980	1	0	1	0	0	0	(37)	13
スイス	1973	0	0	0	0	0	0	(5)	1

（　）内は1991年における稼動中の原発基数

工業諸国の原子力発電の見通し

表2は、いくつかの工業国の原子力発電の進展の進行状況の姿を示すものである。

アメリカでは、新しい原発の建設計画はない。ドイツでは、最後の原発の計画を一九九六年に取り止めた。フランスと日本のみが、二〇一〇年までに、原発基数の増加を予測している。他の国々は、その基数の減少に直面している。表2に示す最も新しい原発の発注年は古く、建設中、発注済み、および、計画中の原発基数は停滞しており、フランスと日本以外では、産業界の中で、原発は明らかに退潮を示している。これらの数値は、フランスにおける支配的な通念とは反対に、原子力エネルギーは現代社会の欠くべからざるものではないということを示している。また、原子力エネルギーは、国家の産業水準の指標を示すものではないことも明瞭である。

しかし、フランスのパンリー、フラマンヴィル、サン・アルバン、およびル・カルネでの八基の一四五万kWの原発の計画のうち、断念されたものはない。建設場所として、ル・カルネの立地が中止となっただけである。

アメリカの動向

世界の産業のモデルとして参照される国家であるアメリカの、原子力発電の発注の変化を追うことは興味深い。稼動中のすべての原発は（現在、建設中のものも含めて）、一九七四年以前に発注されたものである。一九七四年から一九七八年にかけて発注されたすべての原発は取り消され、一九七八年以降には新しい発注はされていない。合計して、一三八基の発注が取り消され、その内、建設中の原発が三六基あった。一九七八年以降には、全く建設作業はなくなった。

発注数を時間的にたどると、一九六六年には急な発注増加があり、一九六七年には発注は三一基に及んだが、その後減少した。一九七一年には、再度の増加があり、一九七三年には発注は四五基にも及んだが、その後、急に退潮を示し、一九七四年には二七基、以降の各年には、五基、三基、四基となり、一九七八年には二基だけとなった。スリーマイル島事故（一九七九年三月）は、すでに退潮を示していたアメリカの原子力エネルギーに止めを刺すものであったが、その退潮は、すでに一九七四年に始まっていたのだ。

アメリカの事例は、原子力発電が人類の将来のエネルギーではないことを示しており、これは二〇年来、明らかなことである。表２に示されているように、進行中で、かつ最も新しく発注された原発の日付けに注意すると、スリーマイル島原発の事故や、チェルノブイリ原発の事故（一九八六年三月）は、世界の原発総数の変化にも、さらに原子力化を発展させようとしているフランスと日本にとっても、原子力政策の緩慢な後退を選択している他の工業諸国（アメリカとドイツがその筆頭である）にとっても、決定的な影響を持っていたとは思われない。

原発の建設期間は長期を要するので、アメリカにおける前述の一九七四年以前に発注された原発四九基は、一九八〇年以降になって電力網に繋がれ、その内の二一基はチェルノブイリ原発事故以後に、電力網に繋がれたことに注意しよう。重大事故の結果は、市民の安全性についての公的計画に取り入れられているにもかかわらず、原発停止計画は長期間を要するものであるために、迅速な対応をすることができないのは大きな問題である。

第三版における補足（原子力発電に関する諸国の動向）

訳注　この著作は、フランスで一九九八年に初版が出版されたが、以後多くの人に読まれたので、版を重ねることになった。第三版の出版に当たって、新しい情勢を踏まえて、「第三版における補足」という序文が書き加えられている。この序文は、初版のテキストと関連するところが多いので、この著作を訳すに当たっては、「第三版における補足」を話題ごとに、第一章、第九章、第一一章に分割して、読みやすさを図った。

原子力発電を擁する諸国が、原子力の行き詰まりから脱出することを検討しているわけではない。原子力化した諸国は、原子力をできるだけ長期にわたって利用することを望んでいる。対策は簡単だ。原子力発電の稼動期間を延長するだけで良いのだ。アメリカでは、原子力発電の安全性についての権限を持つＮＲＣ（アメリカ原子力規制委員会）は、原子力発電所の使用許可を二〇年間に及んで延長することを認めたので、原子力発電施設の寿命は、六〇年になったのだ。この結果、一九九六年に電力網に接続された最新の原子力発電所の寿命は、二〇五六年まで延長されることになった。この寿命延長の政策はクリントン政権の下で開始され、ブッシュ政権では、副大統領ディック・チェイニーの「国家エネルギー政策の発展についての二〇〇一年報告」が示しているように、更に進展した。運転許可は二〇年間延長され、稼動中の一〇四基の原子力発電施設の九〇％に対してこの延長が適用され、また、現存の原子力発電の出力を増加させることになった。チェイニーは、出力一〇万kWの新しい考え方の小型の原子力発電の建設に熱心であり、同時に、プライス＝アンダーソン法を修正し、原子力発電経営者の市民に対する補償に関する責任を制限しようとしている。その一方では、強い放射性廃棄物の埋設については行き詰まっており、ラスベガスからあまり遠くないユッカポイントの埋設工場は、ラスベガスの商業会議所の有力者の間で強い反対を引き起こしている。

フランスでは、電力の七六・三％が原子力発電（五八基の加圧水型の原子力発電と、出力二三・三万kWの小型の高速増殖炉フェニックス）によって生産されたものであり、EDF（フランス電力公社）は加圧水型原子力発電の寿命を、少なくとも四〇年まで延長できると見積もっている。他の諸国では、使用限界の期限を明示せず、各々の原子力発電施設がそれぞれの寿命を迎えるまで使用したいと考えている。老朽化した原子力施設の危険性は当然、増加することになる。原子力発電施設の老朽化を待つ戦略を、原子力発電の廃絶であると錯覚するのは大変な間違いであり、反原発運動に水をさすものである。フランス、および以下に述べる諸国の、いろいろの異なる動力源による電力生産の割合の一覧を表3に示す。

訳注）表3に示されているいろいろの数値は、一九九六年についてのものであるが、第三版における補足が書き加えられたのは、二〇〇一年十一月である。したがって表3の数値は補足テキストに現われる数値と完全には一致しない。例えばフランスの原子力発電による電力生産は表3では全電力生産の七七・四％とされているが、補足テキストでは七六・三％であると記されている。他の諸国についても同様の不一致がある。また高速増殖炉スーパーフェニックスは一九九八年に廃止が決定されており、補足テキストでは、この高速増殖炉は当然言及されていない。しかし、この高速増殖炉は一九九六年には比較的順調に運転され、表3の電力生産には少し寄与しているはずである。

ドイツでは、緑の党が政府に参加し、原子力発電からの脱出についての社会民主党と緑の党の合意が交わされたのだが、このことはドイツにとって示唆の多い回り道となってしまった。確かに、原子力発電からの脱出が合意されたのではあるが、それは遠い将来に延期された脱出だったのである。この合意は、原子力発電の開発経営者の活動に何らかの歯止めを与えるものには程遠かった。ドイツでは、反原発運動の盛り上がりは、放射性廃棄物の輸送の時だけしか、起こらなくなってしまったのだ。このことを報ずるフランスの新聞は的を得ておらず、混乱しており、「民生原子力からの脱出の道」（『リベラシオン』二〇〇〇年六月十六日）、「ドイツは原子力を断念する」（『ル・モンド』二〇〇〇年六月十六日）と、ニュースを報じ

表３　ヨーロッパ諸国の原子力(1)、水力(2)、石炭(3)、重油(4)、ガス(5)、更新性エネルギー(6)による電力生産の割合（%）、および、(3)+(4)+(5)、および、(3)+(4)による発電の割合（1996年）

	原子力(1)	水力(2)	石炭(3)	重油(4)	ガス(5)	更新性エネルギー(6)	(3)+(4)+(5)	(3)+(4)
ドイツ	28.9	4.8	54.7	1.4	8.6	1.6	64.7	56.1
ベルギー	56.9	1.6	23.9	1.7	14.5	1.4	40.1	25.6
デンマーク	-		74.2	10.8	10.7	4.3	95.7	85.0
スペイン	32.3	23.5	31.4	8.0	3.9	0.9	43.3	39.4
フランス	77.4	13.7	6.0	1.5	0.8	0.5	8.3	7.5
イタリア		19.3	10.4	47.9	20.5	1.9	78.8	58.3
オランダ	5.0	0.1	31.7	4.6	55.8	2.8	92.1	36.3
イギリス	27.2	1.4	42.2	4.0	23.5	1.7	69.7	46.2
スウェーデン	52.5	36・9	3.0	5.2	0.3	2.1	8.5	8.2

ている。この合意書では、原子力発電からの脱出の実施は、二〇二一年になると見込まれている。だから、一番最近、一九八八年に電力網に接続された原子力発電の寿命は、三三年だということになる（しかし、合意書では、この寿命は三二年とされている）。オブリグハイムの原子力発電所は、三四年の活動年数を迎え、停止されることになっているが、二年間の超過となってしまう。二年間超過に難くせをつけるつもりはないのだが、この合意書の条項は、形式だけを重んじて、守るべき規律を正確に記していない。ドイツ政府は、原子力発電の開発経営者が、「支障なしに経営を続けること」を保障しているのだ。支障とは、安全基準を細心かつ几

帳面に遵守することである。「支障なし」の原子力発電は、大変心配なものになる可能性を持っている。ドイツでは二〇〇〇年の時点で、一九基の原子力発電が、全電力生産のうちの三〇・六％を生産している。

イギリスでは、中程度の出力の三三基の原子力発電が、全消費電力の内の三三％を供給している。一番最近、一九九五年十月に電力網に接続された原子力発電は、出力一一八・八万kWの加圧水型である。セラフィールド核燃料再処理センターでは、多くの国々の使用済み核燃料を処理して、これらの国々にプルトニウムを返還し、提供してきた。事業者のイギリス原子核燃料公社（ＢＮＦＬ）が基準に合致しないＭＯＸ燃料を日本に提供したことで、大きなスキャンダルを巻き起こしたのは、最近のことである。アイルランド政府は、セラフィールド再処理工場が沿海を強く汚染していたので、この工場の閉鎖を要求している。

オランダは、四五万kWの原子力発電一基を持ち、これによって総消費生産の内の四％を供給している。電気網に接続されたのは、一九七三年である。二〇〇三年には、三〇年の寿命を終えて、閉鎖されることになっているが、詳細な情報はない。

スイスでは、連邦議会が一九九八年、原子力発電を徐々に放棄することを決め、二〇二五年までに、スイスが原子力発電から脱出することを宣言している。最後の原子力発電が電力網に接続されて以来、その施設の寿命は四一年ということになる。原子力発電からの脱出を実現するための戦略、すなわち、撤去作業、撤去に伴って生ずる低レベル放射性廃棄物の規制などについての詳細は発表されていない。スイス政府の責任者は、原子力施設からの放射性廃棄物の量は少なく、スイス内でその貯蔵について研究する必要はないと述べている。スイスは、総電力消費の三八・二％を供給する五基の原子力発電から排出される、超寿命の高レベル放射性廃棄物を、どのように売りさばこうと言うのだろうか？

スペインでは、総電力消費の二七・八％供給する九基の原子力発電があるが、その将来についての情報がない。ベルギーでは、総電力生産の三八・二％を供給する七基の原子力発電があるが、その将来についても報告がない。

イタリアのみが、原子力発電からの全面的な脱出を遂げた。イタリアには、四基の原子力発電があったが、これらはすべて一九八八年に停止された。しかし、それだけでは問題は解決したことにはならない。これらの原子炉の炉心はどうなったのか？　停止してから一〇年以上になる原子力施設の取り壊しはどうなったのか？　原子力発電の取り壊しは、低レベル放射性廃棄物（建物の残骸や鉄材など）の相当量を残すことになる。これらを貯蔵することは、社会経済的観点からは馬鹿げたものになり、その結果、これらの廃棄物を危険なしとして、一般の廃棄物と同様にリサイクルさせることが予想される……

これは、原子力産業に伴うスキャンダルとなろう。弱い放射線を伴う廃棄物は管理の必要がなく、リサイクルをしても良いとする廃棄物の放射線量のしきい値を計画する一九九六年五月の放射線防護のヨーロッパ基準に対して、イタリア政府は、どのような立場に立っているのか？　イタリアは反原子力国家とされているのだが、フランスのスーパーフェニックスに財政援助した国家でもあった。

日本では、総電力消費の三五％を供給する五三基の原子力発電がある。この内の一基は、高速中性子炉「もんじゅ」であり、出力は二八万kW（フランスのフェニックスにほぼ近い出力である）だが、溶融金属ナトリウムのリサイクル事故を起こしたことで有名である。東海村のＪＣＯ工場の臨界事故で、二人の技術者が被曝死して以来、原子力は市民の評判を落とした（管理責任者は混乱し、近辺住民は避難させ、少し遠くに居住する住民を、住宅内に監禁した）。それにもかかわらず、原子力発電からの脱出を急ぐ気運はない。

原子力発電を保有しながら、その原子力発電から脱出した国家は、結局のところ現在まで、イタリアのみである。しかし、他の原子力発電保有国で、その原子力施設が寿命に達した後に、新しい原子力体制に再出発しようと決定をした国家も存在しないことは確実である。フランスと日本は、経済流通の世界化が進行する中で、これに逆行する動きをする可能性がある。ディック・チェイニーがアメリカで実現したいとする小型原子力施設が、六〇年代に戻ったかのように、確実で、危険のないすばらしい技術であるとされ、実現されるのであろうか？　上院（民主党が多数派である）は、これには反対であり、九・一一以来、原子力施設はテロリストの攻撃を受けやすいとして、その周辺の治安対策が強化されたことは、一般には必ずしも歓迎されてはいない。ＮＲＣは小型原子炉の原型炉をまだ認可していない。

デンマークについても述べておこう。デンマークは今まで完全に原子力発電を拒否して来た。この選択肢の決定は七〇年代になされたのだが、フランスと同様にデンマークでも、原子力か、あるいは石油および重油かの選択がなされたことについては、あまり述べられていない。デンマークは原子力を拒否し、更新性（風力）エネルギーの国とされるようになったのだが、表３に示したように、デンマークの総電力消費の八五％は石炭と重油によるものなのである。デンマークは電力輸出国であるが、電力生産のための人口一人当たりの炭酸ガス発生量は、ヨーロッパで記録を保持している。フランスのエコロジスト達は、「フランスはまったくの原子力国家だ」（電力生産の八〇％が原子力によるものである）と言うが、これに準じて言えば、「風力エネルギーの国とされるデンマークは、実は石炭と重油の国だ」ということになる。

第2章

原発についての関連書類に見る幻想

一九四五年に兵器としての原子力エネルギーが突然に出現して以来、民生用としての原子力エネルギーは、無尽蔵で、確実性を持つ、廃棄物を出さない人類の将来のエネルギーと見なされてきた。

フランスでは、原発が一九七四年以来、目を見張る勢いで加速した（アメリカの産業界は用心深く、分別があった）。政治家および大衆に提供された原子力についての資料は、非常に楽観的であった。高名な科学者たちが、すべての問題点は解決済み、あるいは、間もなく解決されるであろうと保証している。他方、医学界は、放射線には危険がないことを保証している。

ＥＤＦ（フランス電力公社）が一九七四年に、急いで作成した原子力計画では、すべてが石油危機を口実としていた。実際には、フランスの民生用原子力政策は、一九五〇年以来、政府の技術官僚と私企業の代表によって構成された「原子力によるエネルギー生産」についての政府委員会（ペオン委員会）によって、長期にわたって準備されたものである。この委員会は、原子力についての協力者としての、政府と産業界の各々の枠組みと責任を決めた。この委員会の活動は、メディアにおいても、議会など国民の代表機関においても、何の反応も引き起こさなかった。

安全性について、一九七四年の原子力エネルギーの資料には、原子力技術は完全に制御することが出来ているとする信条が見られる。原子力エネルギーは、技術的傑作の証拠であり、他の産業は、これに倣う必要があるとされた。重大事故が起こることは、ありえなかった。原子炉は、結局のところ、「圧力鍋」と同じようなものだ（CEA〔フランス原子力エネルギー庁〕の総裁、後に産業大臣、国防大臣を歴任した、アンドレ・ジローの、一九七五年一月二十五日の原子力通信社との対談における発言から）。

同じ時期、ソビエト連邦では、ソビエト高官が、西欧とは異なった表現を用いて、原子炉を、朝食用の紅茶沸し「サモワール」と同じようなものだと喩えている（チェルノブイリ事故処理の責任者レガソフの遺言に引用されている）。EDFは、原子炉が「厳重な防護」を備えているので、絶対の安全性が確保されていると保証し、原子核燃料と環境の間には、「三重の壁」があるので、不都合な廃棄物からの周辺住民の安全保護は確実であるとしている。壁が三重にも設置されていることは、とりもなおさず、施設で事故が起きうることを想定しているのであるが、この点は注意されなかった。

放射線の生体に及ぼす影響は、無視しうる程度のものであると考えられ、被曝量が小さければ、その影響は全くない、または、健康の促進に役立つものでさえあると考えられた。

科学者の間では、ある限度以下の放射線被曝は健康に全く影響がないとする、被曝量のしきい値が存在すると考えられていた。このしきい値の存在を疑問視していた孤立した少数の研究者は、ほとんど意見を聞いてもらえなかったし、同僚たちがこのことを研究の自由の名の下に反論することのないように、彼らの名前をブラックリストに載せたりした。しきい値が存在するという考え方（安全対策としてのみ、しきい値はないとされることもあったが）が、放射線防護の基礎とされ、研究者や産業界の関連者が、ガンという大きな不幸を伴う作業や活動に携わることを正当化するために役立った。

放射性廃棄物については、問題のあるはずもなかった。原子炉の放射性廃棄物は、一般には、注意されず、問題にもされなかった。使用済みの炉心については、医療品として役立つと言う人もいた（その時には、すべての人々が放射性廃棄物の貯蔵庫となるのだ！）。利用不能の部分の総量は、問題にもならないであろう（人々の健康についての責任者ペルラン教授によれば、その総量は、一〇年後の時点で、人口一人当たり、アスピリン錠剤一錠の十分の一程度であると述べた）。

残された放射性廃棄物についての解決策は、ＣＥＡの研究者に任せておけばよい。科学者たち（この問題については、宇宙線物理学者のルプランス＝ランゲが先端を切っている）は、これを太陽に打ち込む案、極地の氷帽に埋設させる案、移動し、衝突する大陸プレート間にこっそりと埋める案などを発表した。この文献を読み返すと、科学的「幻想」の異様さが伝わってくる。

しかし政策決定者の中には、放射性廃棄物の管理について、また、原子力施設の大事故の可能性を想定して、もっと現実的な者もいたことは事実である。しかし、彼らは余りにも控えめであり、メディアも好奇心を持たず、世論に訴えるには至らなかった。二つの例を挙げよう。

放射性廃棄物についての対立意見

雑誌『科学と生活』は、一九七四年、物理学者アンス・アルファン（一九七〇年ノーベル賞受賞）と、ＥＤＦの総支配人、フランスの原子力政策責任者であるマルセル・ボアトウとの論争を掲載している。アルファンは次のように述べる。「核分裂反応炉は、エネルギーと放射性廃棄物とを同時に作り出すが、我々は、現在、そのエネルギーを利用し、廃棄物については、我々の子供、孫たちに、将来これを何とか処理するように、託したいと考えている。しかしこの考え方は、未来の世代に、汚染した有害な世界を遺贈するのは止めようとするエコロジーの至上命令には、対立するものである」と。

このようなモラルを持つ立場に対して、マルセル・ボアトウは、廃棄物の満足な処理案がないということを否定せず、次のように述べている。

「我々の遺産からすべての困難と責任を取り去ることを意図し、我々の子孫に問題のない社会を伝えることを意図することは、明白で、かつ、危険な幻想ではなかろうか」と。放射性廃棄物を除去する案がないことは、我々の子孫にとって恩恵であり、精神的な健康に役立つものだと言っているのだ。チェルノブイリ事故は、管理が極めて困難な遺産を長期間にわたって残すことになったので、マルセル・ボアトウは、一九八六年に大喜びをしたはずである……。

原発の巨大事故と補償

原発の計画について真剣に携わる前に、産業人は、慎重かつ、用心深いので、起こり得ると考えられる重大事故の影響に対して、彼らが安心できることを要求した。彼らは、事故における、原子力経営者の民事責任に制限枠を設ける法律を成立させたのだ。一九五七年以来、アメリカの議会は、プライス＝アンダーソン法を成立させた。これは、民事責任に関する新しい出来事であった。ヨーロッパにおいては一九六〇年七月二十日、パリ協定がヨーロッパ一六カ国によって署名された。重大な原子力事故に際し、公平であり、かつ例外を認めず排他的だが**限定的**（傍線は著者による）な責任を定めている。この協定は、「平和利用を目的とする原子力エネルギーの利用と生産の発展を妨げることを避けるために必要な対策を採ることが、目的である」とされている。

一九六八年十月三十日付けの法律によって、パリ協定の実施方法が、フランス国内でも定められた。この委員会の報告者、ピエール・メールの行なった、一九六八年十月十七日付けの上院での発言は興味がある。

「人類は、発展を常に探求して、それまでに既知の、あるいは、ほとんど精査されていない科学データを更に大きく上回るエネルギーと力を開放した瞬間から、彼らの新しい活動も、法制化されるべきだ……人類のこの分野における活動は、多くの点で例外的なものであり、このことに関連した法規そのものも例外的であり、責任に関する一般法律に違反していることは、驚くには及ばない」

住民を適正に保護するために、新しい種類の危険について、法律を適応させる必要があるというのだ。そして、「原子力事故、**実際には国家的大災害、実に、国際的大災害**（傍線は著者による）と呼ぶものが波及する面積の大きさに準じて、例外的な考え方をする必要が、我々には、課せられている」と続く（一九六八年十月十八日付けの公文書から）。

この国家代表は、チェルノブイリ事故を予感し、フランスでも同じようなことが起こりうるとしていたのだ。通常認められている民事責任に加えて、原子力事故は、原子力産業にとって財政破綻が重なることになる。このような「災害」は、絶対に避けなければならない。フランスの原子力産業の発展に先立って、このような「制限された」責任を導入することについては、ペオン委員会の同意が得られていた可能性がある。

国会での、この法律の一九六八年四月二日の議論で、科学研究、原子力および宇宙関連問題担当の国務大臣、モリス・シューマンは、「原子力施設の経営者のみが、その施設で起こりうる原子力事故の責任を持つ」とする考え方を、明らかにした。このことは、建設時においては発見されなかった不都合が起こった場合、下請け業者の責任を免責することを保障することになる。下請け業者に完全な技術を仮定することは不可能であると考えられていたようである。アメリカのプライス=アンダーソン法は、このような制限について言及しておらず、原子炉の部品の提供者も、経営者と同様、責任を持つことが出来るとされている。

一九六八年の法律は、一九九〇年六月十六日付けで、修正がなされた。その三条において、「経営者が責任を負う最大金額は、一事故当たり六億フラン（一二〇億円）とする」ことになったのだ。この額との比較を行なうための例を挙げよう。一九九六年のクレディ・リオネ銀行本店の半焼事故では、その保険会社が、一六億フラン（三二〇億円）を支払っている。分かりやすく言えば、原発の大事故において、EDFが被害者に支払う賠償額は、クレデイ・リオネ銀行本店のこの半焼事故よりも、ずっと安くなるようにしたいのだ。

放射性廃棄物についても、原発事故についても、政策決定者は、現実的ではっきりした状況を視野に入れており、原子力産業がその責任を免れることで発展ができるように対策が講じられていること、しかもその情報が、原子力についての議論においては、全く漏れて来なかったことに人は注意を払うべきである。文書は存在しており、政府による文書閲覧制限は行なわれたこともなかったのだが、民主主義の決定機関はその文書に知らぬふりをして、その上、押しつぶしていたのだ。原子力産業が発展することを保証するために、世論の大まかなコンセンサスを得ることはなかったのだ。このことが、他国との競合において、フランスの原子力産業が低廉であることの主要因の一つであった。ＥＤＦの支配人、マルセル・ボアトウは、一九八四年十二月六日の『木曜の出来事』誌で、そのことを皮肉な表現で認めているのだ。「しかし、他国では、原発の建設をなぜ減らすことにしたのですか？」という質問に対して、次のように彼は答える。「フランスでは、原発の建設が安いからです。他国では、異議申し立ての攻撃のいろいろな理由に対抗することが出来なかったので、原子力産業は高価になったのです」と。厳格な法体制、その遵守、経営者に対して実権を持つ安全責任者を要求する異議申し立てが、原子力産業の価格を高価にしたのだ。異議申し立てがなければ、施設の開発に対する制限は小さくなる。フランスは、世界中の原子力推進者の夢見る国となったのだ。チェルノブイリ災害に至るまでの長期間にわたって、ソビエト連邦も、この特権を持っていたのである。

マルセル・ボアトウとアンス・アルファンの討論を続けて引用しよう。マルセル・ボアトウは、フランスの原発の集中的な推進計画を推し進める上で、最悪の事態の可能性もなしとはせず、それを認めている。アンス・アルファンは次のように述べている。「原子炉は、完全な安全性を持っていると主張することは間違っている。確実に動作する技術製品や、間違いを起こさない技術者など、存在しないのだ。原発事故の極めて重大な結果を考える時、原発の事故を、電車や飛行機の事故と同じように受け入れることが出来ると主張することは、誠実とはいえない」と。

マルセル・ボアトウは、原子力の破局的事故の可能性についてのアンス・アルファンの意見を否定はせずに、「しかし、最悪の事態の恐怖が、人類の発展を長期間にわたって遅らせることはなかった」と答える。彼は、最悪事態を恐れず、人類の発展を代表していると自分を見做している。このような人物が、フランスの原子力法を作成し、政治権力の同意と尊敬と、メディアの寛容を得ているのだ。フランスの原子力産業の父とも言うべきこの人物は、原子力計画が市民の生活に対して避けることの出来ない制限を与え、社会組織に与える衝撃を、はっきり視野に入れていた。彼は次のように述べる。「危険な活動に関する制限が、国家および個人にますます重く課せられるような世界が達成されることは、魅力的であるとはいえない。しかし、複雑化し、ますます組織化に向かうことは、常に発展を意味しているのではなかろうか」。そして、彼は、皮肉にも、次のように続ける。「パラドックスのようではあるが、これは、『内心の自由』のための条件ではなかろうか」と。

彼にとっては、原子力産業が個人に課する社会的な制限は、「内心の自由」の条件となるのだ。警察国家社会における「心の内なる自由、万歳」である。原子力機構のこの代表者は、「原子力社会へ、そして、警察社会へ」というスローガンを、良く意識している。彼にとっては、これが私たちの「内心の自由」を実現する条件なのだ。しかし、私たちの「心の外に向かう」自由については、彼は黙っている。

今日、反原発主義者は、原子力産業が課すいろいろな社会的な制限に驚き、これに反対する。例えば、（プルトニウムを含んでいる）ＭＯＸ燃料を輸送する経路と時間は、安全対策の名の下に秘密にされている。このような社会的制限が避けがたいものであり、もっと悪いことに、重大事故のリスクを減少させるために必要なのだということを、反原発主義者は忘れている。

第3章

原子力関連の書類の向かう所は？

放射線の生体に及ぼす影響は、従来考えられていたものよりも、より深刻なものであることが、国際的な専門家たちによって、計算し直された。このことにより、彼らは「許容できる」被爆量の限界をより低く勧告することになった。ヨーロッパ共同体委員会は、一九九六年五月十三日付けの指令によって、この勧告を認めたのであるが、「この勧告文書の出版は、勧告が適用されることを要求するものではない」という、奇妙な但し書き（訳注）を付け加えている。

訳注）行政体としてのヨーロッパ共同体委員会がより低くなった被曝量の限界を認めたのだから、その勧告は法的な指令として公布され拘束力を持って実施されることが必要となる。他方、原子力産業がそのような低い被曝量限界を実行に移すことを承服しないことも確実であろうと察せられる。但し書きは、苦肉の折衷だったのである。このような事情を受け入れやすくするために、日本では、この共同体による法的な指令の性格を緩和して、達成基準と訳し変えることにしたのだ。折衷の国の名訳であろうか？

この指令は、ＩＣＲＰ（国際放射線防護委員会）の公告六〇において記述されている一九九〇年勧告を、直接の動機とするものであることに、注意しておこう。ＩＣＲＰの一九九〇年勧告を解読するのに、ブリュッセルのヨーロッパ共同体事務局は、六年の歳月を要したことになる。そして、ヨーロッパ各国が、各国においてヨーロッパ共同体指令を実施するのに、更に四年が必要であった。ＩＣＲＰは、一九九〇年に、放射線による発ガン危険率は、一九七七年のものよりも高くなることを認めているが、具体的にその勧告を実施するのには、結局、合計一〇年の歳月を要したということなのだ。

ヨーロッパ共同体指令は、ＩＣＲＰの新しいいくつかの考え方に言及することを省略している。ＩＣＲＰは、その数々の文書中で、ある被曝量以下の被曝は、生体に及ぼす影響がない、という考え方にはっきり反論している。放射線被曝は、どんなに微弱であっても、発ガンおよび遺伝的な危険性があり、この危険性は、被曝量とともに増加すると、ＩＣＲＰは考えている。「被曝量限界は一般的に、『無害であること』と『危険であること』の境界線であると考えられているが、それは誤りである」（一二四条）と、ＩＣＲＰは断言している。

しかし、発ガンと遺伝的な危険性についてのＩＣＲＰの一九七七年の危険率と、一九九〇年の危険率とを比較すると、新しい被曝量限界値は低くはなっているのだが、住民の健康よりも、原子力産業を「保護」することに、より大きな力点が置かれているのが明瞭となる。ＩＣＲＰが、一九七七年に「許容できる」と考えたリスク水準の導き方を維持すれば、新しい被曝量限界値は、一九九〇年にはずっと低くなっているはずなのだ。ＩＣＲＰは、危険を伴わない被曝はないことを明確にしており、この立場からすれば、勧告された被曝量限界は、「許容できない」限界値なのであり、「許容できる」限界などという考え方の根拠は存在しない。

　放射線防護を、健康、あるいは、科学の立場のみに立って決めることはできないということを、ＩＣＲＰは認めている。どうしても、経済条件が介入するのだ。そのことを認めれば、放射線防護の基準を決めるために、委員会が、科学専門家から構成されていることは、根拠のあるものだとはいえなくなる。基準の決定が、社会・経済的な条件に依存するならば、この基準を定めるのは、社会全体であるはずである。ＩＣＲＰは、もちろん、その点までには思いが至らず、市民を保護する基準の決定を、市民の手に委ねようなどとはしない。

原子力に固有の技術的な欠陥が、ますます増え続けている。原子力施設のいろいろの原材料は、高い圧力、高い温度、熱履歴、中性子束の照射などの非常に過酷な条件の下にある。鋼材と合金の金属特性が、このような条件に耐えることは一般に困難であり、施設の老化とともに、その特性は劣化する。加えて、施設の装置は巨大であり、小さな寸法の試料を用いて、実験室で得られた特性と同じ特性が、巨大な装置にそのまま適用できることはない。

　しかし短時間で実施される研究が、原子炉の耐用年数を考えると、原発の非常に過酷な運転条件の下に機器の素材を保持して、十分な信頼性を長期にわたって保障するとは限らない。長期にわたる信頼性の確立が、短期間では出来ないことは明らかである。例えば、巨大な原子炉容器の製作の際には、必ず金属学的欠陥が混入されてしまうが、長期にわたる放射線の照射下で、この欠陥がどのような振る舞いをするのか調査し、その結果を、小さな寸法の実験結果と比較することが出来るのは、原子炉の寿命が終わる時まで待たなければ、可能とはならないのだ。

また、巨大な原子炉容器の製作法はさまざまなので、特定の原子炉容器について得られた結果が、異なる条件の下に製作された、別の原子炉容器について、当てはまるとは限らない。特定の原子炉容器について得られたデータは、別の原子炉容器に対して参考にはなるが、全く同じようにはならない。原子炉容器の寿命が来ても、大災害になるとは限らないと願おう！　フランスにおける過密な原発計画を、非可逆的に、急速に推進したことは、超楽観的な技術者にとっては、部分的で、短期の初歩的な研究で自己満足させることになり、より厳密なものを求める技術者を必然的に「用済み」にしたのだ。ピエール・タンギは、原子力安全のこのような様相を、「ＥＤＦの原子力安全対策の一般検査報告」において述べ、その中で、安全文化の欠乏と呼ぶべきものが、原発推進者の内に見受けられることを、強調している。

数年来、原発の設計概念のいくつかの間違いが明らかとなった。その原因は必ずしも専門知識の不足に由来するものではない。多くの技術者が、彼らの予想よりもずっと複雑な問題に直面することもあり得ると予測できないことが問題なのだ。そして原子炉の大事故によって起こりうる損失の重大さを考える時、満たされるべき絶対安全基準を厳密に満足する解決策は恐らく存在していないことを、この技術者達は直視することができないことが問題なのだ。生産コストを下げる必要は、十分に検査されていない生産方法の採用につながる。技術的な処方は、改善しようとする欠陥を悪化させるものであることが、何度も明らかにされた。原子力産業は、一般的には、完全なものの同意語として用いられた。そのために、費用と期間についての産業上の制約が無視され、このことは、技術研究の方向付けと、技術者の行動に直接に影響を及ぼした。そして、金属学においては、解決すべき問題の多さと、複雑さが無視されることになった。

金属学的な問題の解決法の欠落、不十分な研究、不適当な金属材料や不適当な製法の選択は、フランスの原発計画を出発させるに当たって、余りにも急ぎすぎていたことを物語っている。数年来、素材の金属的な問題の解決法の欠陥が明らかになっている。一例として、安全性にとって基本的な役割を担う一時冷却水系のいろいろの部品に見られるひび割れの原因となっているインコネル六〇〇合金の過酷条件下の腐食現象を、挙げておこう。ピエール・タンギの一九九一年報告から次の引用をしよう。「二番目の例は、インコネル六〇〇合金に関するものである。この合金が引き起こした多くの幻滅にもかかわらず、ＥＤＦやフラマトム社の専門家がこの合金に寄せていた揺るぎのない信頼（傍線は著者による）は、技術者各自の研究を進める姿勢に不安があることの反映ではないのか？　原因を追究し、誤りを犯しているのを認めることを拒否しているのではないか？（……）我々の専門家は、安全文化において欠落するものがあるのではないか、と問うべきであった」（七一ページ）。

原子炉の二次冷却系の主蒸気回路、蒸気発生器の管、原子炉容器の蓋などの最も重要な部分に、ひび割れがあることが見つかった。フランスの原発のトラブルは、近頃メディアでは報告されなくなっている。外国の原発についても然りである。一連の制御棒の異常は、最近の大きな事故であり、大変重大なものであると指摘するべきである。これは、事故時に、炉心に急降下して、原子核連鎖反応を止める役割を担う制御棒である。いくつかの事故においては、未知の異常な原因により、この制御棒の動作が阻害されたことが報告されている。

原発シューズＢ１号の運転開始時の、ＣＳＳＩＮ（原子力安全性および情報の上部委員会）の一九九六年十二月二十四日の報告書は、「説明の付かない水の動作が増加することは、一群の制御棒の落下所要時間の増加、燃料系の不安定な機械的保持などの、安全性にとって不都合な結果をもたらすかもしれない」と述べている。このことが、事故時に、どのような結果をもたらすかについての記述はない。緊急事態において、原子核反応を止めることを期待されているのは、この一群の制御棒の急速な落下である。

原子炉容器の鋼材には、転移温度という特性がある。この温度以上の温度では、鋼材は靭性《じんせい》（粘りがある性質）があるが、その温度以下では、鋼材はもろくなり、割れやすくなる。だから、原子炉容器は、常にこの転移温度以上に保つ必要がある。鋼材の初期状態では、この転移温度は、摂氏マイナス二〇度である。運転条件がどうであろうと、原子炉容器の鋼材はマイナス二〇度以上の温度であり、非破壊の温度領域である。しかし、数年も運転すると、鋼材は、多数の中性子照射を受け、原子間結合のレベルの欠陥が生じて、その転移温度は上昇する。転移温度が九〇度に達すると、この鋼材は、熱ショックに弱くなり、容器の寿命が尽きる。容器の温度が九〇度から急に冷やされると（緊急時の散水によって、容器の温度が急に低下させる場合など）、割れやすくなった鋼材に、急速にひび割れが起こり、原子炉容器の破壊に至るのだ。ある原発（フェッセンハイム1号とビュジェイ5号）では、稼動後二〇年となり、鋼材の転移温度は、九〇度に近いと思われる。しかし、これらの原子炉を最終的に停止する計画は進んでいない。

各地の原発施設では、耐震の固定棒は緩み、セメントは流れ、品質の低下を示している。各地の原発に現われている余りにも多くの問題についての漏れのないリストを作ることは、不可能である。ＥＤＦは、原子炉を四〇年間にわたって稼働させようと計画を立てているのだが、多くの原子炉は、早すぎる老化の兆候を示している。経営者のうちには、六〇年間にわたる使用計画を立てている者もいるのであるが……

原発における人々の心理状況も心配である。原子力管理者に課せられた経済的制約は、下請け、孫請け労働を、ますます利用する結果を生み、事態の制御・収拾は困難であり、収益性を上げるために安全性を無視する行為が生じ、ＥＤＦの労働者と経営者との間の対話はますます困難となり、争いの状況を突破するために残された唯一の手段として、運転妨害を意図する行為（サボタージュ）に至ることもありえよう。

第4章

放射性廃棄物の行き詰まり

現存している放射性廃棄物は、原子力発電が中止されない限り、増え続けることになるのだが、これを前にして、先に触れたような二〇年前の滑稽な議論（放射性廃棄物の体積を、フランス人一人当たりに換算して、アスピリン錠と比較するなど）は、影を潜めた。政治責任者が直面している唯一の解決法は、人々が廃棄物のことを忘れてしまうように、早急に、できるだけ深く、これを埋設することである。一度埋設されれば、廃棄物の挙動についての根本的な疑問は、終わりになるだろう。

「安全性の基本規則」（一九九一年七月十日付けの、番号Ⅲ・2・fの規則）は、「放射性廃棄物の深地層における最終的貯蔵」のために、安全問題に責任を負う政府機関が制定したものである。この文書は、放射性廃棄物の貯蔵について責任を負う規則のはずなのであるが、実際には、最終的な責任規則を作成する前に問われ、解決されねばならない一連の課題を明らかにしたものに過ぎない。また、この文書は、選択される埋設場所に適合した規則となるべきはずのものだが、はっきりしない定性的なものに留まっている。

それに加えて、一九九一年に編集されたこの文書は、一九九〇年のＩＣＲＰ（国際放射線防護委員会）の中の新しい放射線被曝許容量の勧告について言及していない。しかしこのＩＣＲＰの勧告は、ヨーロッパ指令にも取り入れられており、その後、フランスにおいても数年中に必ず採用されることになっているものである。埋設は数千年にも及ぶ長期間にわたって影響を持つ行為であるので、放射線防護のための基準は、放射線の危険因子の評価が変化することも視野に入れるべきものである。この放射線防護の基準は、ＩＣＲＰの発足以来、より厳格なものに変わり続けており、現行の基準が最終的なものであるとは限らないのだ。将来的には、もっと厳格なものになる可能性があろう。

だから、我々の子孫を放射線から防護するためには、放射線被曝許容量はもっと低く見積もらなければならないのだ。ＣＥＡ（フランス原子力庁）は二〇年ほど前に、放射性廃棄物を除去するために、放射性元素の原子核変換について研究を行なった。長寿命のトランスウラニウム元素（アメリシウム、キューリウム、ネプチニウム、プルトニウム）は、中性子の捕捉によって核分裂を起こして、短寿命の放射性核分裂生成物に変換する。しかし、核燃料が水中で核分裂を起こす通常の原子炉の中では、核分裂生成物は、この原子核変換を起こさなかった。このことは、原子核変換を問題にするときには、通常、言及されていない。フェニックスやスーパーフェニックスで生成される高速中性子を照射すると、この原子核変換が実際に起こることは知られているのだが、この変換効率はきわめて低いので、産業レベルの量ですでに蓄積されてしまった放射性生成物を除去するための、産業レベルの現実的方法としては、残念ながら興味が持てるものではない。

しかし、スーパーフェニックスの存続を図ろうとするある科学委員会の主張は、この核変換を前提とするものであった。プルトニウムは、数世紀にわたる新しいエネルギー源として期待されたのだが、実際には、恐るべき廃棄物なのである。専門家は、この廃棄物の長期貯蔵には慎重である。

新しい擬餌が仕掛けられている。プルトニウム酸化物とウラン酸化物を混合したMOX燃料（混合酸化物燃料）を用いて、プルトニウムを燃やそうというのだ。しかし、この方法もプルトニウムをなくす方法と考えるわけにはいかない。

EDFのある出版物に掲載された論文は、次のように記述している。「……MOX燃料中は劣化ウランを基にして作られているので、REP炉（加圧水炉）の中で、相当量の新しいプルトニウムを生み出す。原子炉運転の一サイクルの後には、差し引きして、初めに装荷されたプルトニウムの四分の一相当量だけしか消失しないことになる。消失したプルトニウムの五分の一は、核分裂を起こしたのではなく、稀少アクチナイド元素に原子核変換している。それ故に、プルトニウムと微量のアクチナイドを消失させるには、このサイクルを繰り返さなければならない。多重のリサイクル法ともいうべきものである」。この記事の著者である二人のEDFの技術者は、更に、次のように付け加える。「このようにしてリサイクルを重ねると、プルトニウムの核燃料の中には多様なアイソトープ元素が混合して燃料の質が悪化するので、原子炉の炉心特性が影響を受け、必要なリサイクルを繰り返すことによって、原子炉の安全性は保障しがたくなる」と。この文章のタイトルは、「原子力産業の核廃棄物の将来：燃焼―原子核変換の研究の道」、著者名は、ＥＤＦ研究取締役のＪ・ヴェルニュとＨ・ムネ、掲載誌、および、出版年月は、施工図五三号、一九九七年一月」である。

これは、止めの一発であろう。しかし、論文のタイトルには、問題の焦点となる原子炉の安全性については言及されていない。かくして、ＭＯＸ燃料としてプルトニウムを混入する案は、プルトニウム処分の奇跡的な解決法にはならない。プルトニウムは根っからの廃棄物であり、しかも、恐るべき廃棄物以外の何ものでもない。

訳注）天然ウランの九九・三％を構成するウラン二三八は、原子炉の中で中性子を吸収してプルトニウム二三九となるが、このプルトニウム二三九は原子核分裂する核種なので、これを燃料に混ぜて核分裂させ、核分裂資源を有効利用させせようとするのが、ＭＯＸ燃料である。しかしこの試みは、技術的に、経済的に、成り立ち得ないことが、現在明瞭となってきている。最新の科学技術によって発見された新物質は、どんなものでも人類の資源として役立ち、恩恵を持っていると期待するのは無理なのだ。しかし、巨大な費用を投入して経済負担を省みずに、純度の高いプルトニウム二三九を精製すれば、これを用いて前代未聞の有効な核兵器として使用し得ることが、長崎原爆で判明し、確立している。プルトニウムは、人類の殺傷と、文明の破壊を目的とすれば、極めて有効なことが判明しているのだ。

第5章

原子力発電の大事故

ＩＣＲＰ（国際放射線防護委員会）は、一九九二年十一月、その出版物六三を「放射線に関連する非常事態における公衆の防護のための介入に関する諸原則」に当てた。専門家たちは、原子力発電による大災害をニュアンスを緩和して、「放射線に関連する非常事態」と、控えめに呼ぶのだ。ＩＣＲＰは、その文書の前文において、勧告の基本「対策の処置を講ずる必要性」（二条）を明らかにしている。

「放射線に関連する非常事態」を無処置のまま放置することは正当化できないが、人々の健康の保護も、十分に正当化されてもいない。三一条において、「放射線に関連する非常事態に対する対策決定のためには、政治的な、更に一般の社会的な諸因子を考慮する必要がある」と、ＩＣＲＰは記している。ＩＣＲＰにとっては、対策費用（避難のための住民の移動、食品汚染の許容基準などの）が決定的な要因をなすのであり、その費用に基づいて、費用と便益の兼ね合いの分析の枠内で、対策が決定される。原子力事故管理において、住民の健康についてては、あまりウェイトが置かれていない。

一九九六年、欧州原子力共同体（ユーラトム）の新しいガイドラインは、放射線防護の欧州規制を定めた。この規制の前文において、欧州連合の加盟各国は、「各々の国土における放射線の非常事態の状況が引き起こす結果に対して準備を行ない、加盟各国と協力体制をとり、このような事態を、できるだけ簡単に管理しなければならない」と書いている。欧州原子力委員会は、重大な原子力事故が起きた場合に、簡潔にいえば、事故の簡単な管理体制を準備しておくように、構成国に要求しているのだ。問題となる簡単な管理体制とは、原子力事故の住民に及ぼす影響には余り注意を向けないことである。国家間の共同作業により、情報の広範な検閲体制を敷き、世界レベルの欺瞞を組織して、チェルノブイリ事故において見られた情報の横滑りを避けることによって、事故管理は容易となるのだ。麻酔をかけられた人々は、原子力事故に対して反乱を起こすことはない。「放射線に関連する非常事態」の管理は、国家レベルの専門家の保護下にあり、社会的な擾乱が起こることを絶対に避けなければならない。欧州指令の四八条には、「放射線に関連する非常事態」の管理は、放射線に関連する非常事態において、また、その非常事態の状況の結果としての**長期にわたる被曝**（傍線は著者による）に対する対策について適用される」と記述されている。チェルノブイリ事故のような事態を問題にしているのかと思ってしまう。残念ながら、そうではないのだ。欧州指令の五一条は続けて、緊急を要する状況の管理体制について、次のように述べているのだ。「所属国の国内で起きた放射線に関連する緊急事態の状況の中で、原因となった行為に対して責任を負う企業が、状況の結果とその暫定的な最初の評価を行ない、所属各国は協力する必要がある」（訳注）と。

訳注）これはひどい！　交通事故を起こした当人が、その交通事故の評価をするようなものだ。警

察が評価をするのではないのだ。事故を起こした当事者が、客観的な事故評価を行なうことができるなどと期待する者がいるだろうか？　フランスには、ＯＰＲＩ（放射線防護局）と、ＩＰＳＮ（原子力防護安全局）などの公的機関がある。彼らが全面的に事故評価を行なわないのか？　死者が出たり、一目で事故だとわかるような爆発などを伴わない限り、原子力に関する事故は今後、きっちりとした報告がされなくなり、もみ消されてしまうのではないだろうか？　既に日本でも、そうなっているのかもしれない。原子力施設では、多種の技術トラブルが頻発しているのは確かであるが、放射線の放出など環境への影響はなかったと、いつも報じられているではないか？

こうして、フランスで原子炉の事故が起これば、事故を起こした当事者のＥＤＦが、起こした大災害の損害を評価し、この評価に基づいて、国家機構がその緊急対策を決定するのである。重大な原子力事故が、ＩＣＲＰ、およびブリュッセルの高級官僚の関心事となるのは、住民の保護のためではなく、事故の結果としての社会擾乱の管理のためなのだということが、文章から明らかとなろう。

フランスの責任者の責任はどうなるのか？

一九八八年一月二十一日から二十三日にモントーバンで行なわれたタルン―ガロンヌ県議員により組織された「原発、健康、安全対策」の会議において、原発の安全性と安全対策担当のフランス電力公社の経営陣に属する監視官は、「原子力発電の危険防止」についての発言で、その対策に限界があることに触れ、次のように述べている（会議録四三〇頁）。「我々は、重大事故を予防するためにできるだけのことをしており、そのような事態が発生しないことを願っている。しかし、そのような事態が起こらないと保証することはできない。一〇年あるいは二〇年のうちに、住民にとって重大事故が、我々の数多い施設のうちで起こらないと言い切ることはできない」と。この発言の後の討論において、もし重大事故が起これば、それは予見されていない種類のものであろうと、彼は述べている。原子炉の絶対的な安全性を保証することはできないとして、事故に対する確率論者の立場の妥当性に限界があることを、彼は明瞭に認めている。大災害時の医療についてのフランス学会の議長であり、その国際学会の副議長でもあるピエール・ユグメール教授は、「原子力事故と大災害時の医療」について、次のように述べている。「専門家たちは、原子力事故の起こる可能性は小さいだろうとしているのだが、医療関連者は異口同音に、事故の重大さは極限にまで達するものであることを認めている。事故の重大さを表わす数値は、大小さまざまであるが、その値は無限大にまで達し得る」と（四六七頁）。

「原子力事故が起こる可能性は小さいだろう」と言う時の口調はいつも軽やかである。だが、確率は小さいか、または、非常に小さくても、その可能性は確率計算に現れてくるのだ。ある出来事の起こる可能性が小さいということは、そのことが起こり得ることをはっきりと認めているのである。原子力災害の管理が、フランスの責任管理者の、中心課題となっていることを示す数々の兆候がある。一九九四年九月十日付けの『ル・モンド』は、セーヌ川流域のイル・ド・フランス地区（パリ市を囲む首都圏地域）の居住住民安全局の局長と警視総監の間で、九月八日付けの「目標取り決め」を報告して、「その地域の重大な危険に対して必要な対応策を講ずる」ために、余り注目されないままになっている以下のようなコメントを発表した。これによると、「ノージャン・シュール・セーヌの原子力発電所はパリの上流に位置しているが、これがパリを重大な危険に曝さないとは、断言できない」と、述べている。

一般人に対する一年間の放射線被曝量を五ミリシーベルト以内とする現行のフランスにおける規制の基準の代わりに、これを一ミリシーベルト以内とすることを、一九九〇年にＩＣＲＰ（国際放射線防護委員会）が決定したことは、フランスの責任者の警戒感を高めた。フランスは一九九四年、ＩＡＥＡ（国際原子力機関）において、放射線防護に対する新基準の採用を遅らせようと努めた。ペルラン教授は、このことを声高に叫んでおり、それについては、一九九四年七月二日付けの『ル・モンド』の次のような記事を参照しよう。

原子力関係者の間で密かに回覧されていたメモの中で、ＳＣＰＲＩ（フランス放射線防護中央局）の旧委員長は、彼の主張を推し進めるために、心理学的で、かつメディア対策的な理由を引き合いに出している。「小さな事故でも、一ミリシーベルトと言う限界値は、すぐに超えられてしまうだろう。**事故が起きてから、放射線被曝の限度を通常よりも緩和することは、市民の許容するところではないであろう**」（傍線は著者による）と、彼は述べているのだ。『ル・モンド』によると、原子力災害の問題について詳しい人物であるＳＣＰＲＩの委員長ペルラン教授がこの文章を書いたのであり、彼は、重大事故は起こりうると思っているのだ。重大事の管理のためには、（ＩＣＲＰの新基準が、事故時の放射線量には言及していなくても）国際基準の年間一ミリシーベルトを超える汚染レベルをも許容させたいのだ。そして、高い被曝量を採用しておくことが、原発事故の管理にとっての社会的な冷静さを保障しやすくなる。この教授は、原子力の大災害の見通しを持っているのであり、彼の意見は、社会的な冷静さを保つための指示なのである。トビアナ教授が指導的な地位にある科学アカデミーも、放射線被曝限界値を低くすることには、同じように反対の立場にある。科学アカデミーの会員たちが、このような責任者の意見に対して、どのように対処しているのかについては、不明である。しかし、原子力産業に関わる放射線の危険に対して、住民を防護しようとはしていないことについては、彼らも共犯であることは客観的には明らかであろう。放射線事故時の救援活動のためのＯｒｓｅｃ―Ｒａｄと名付けられた計画の存在と、（もちろん控え目ではあったが）それが最近明らかにされたという事実は、数年前に思われていたよりも、もっと重大な結果をもたらすような原子力災害が、産業災害の管理者に取りざたされていることを示している。

メディアが好奇心を喚起しないことは、当局にとって、このような「デリケート」な問題についての秘密厳守を保障するものである。もう一つの事例を挙げよう。原子力発電所の近辺に居住する住民に、放射線放出を伴うような事故の場合、甲状腺に対する有害な効果が知られている放射性沃素から保護するために、放射線を放出しない安定沃素の錠剤を配布する決定が数カ月前になされていた。

訳注）体の組織は放射線を放射する放射性沃素と、放射線を放射しない安定沃素を識別しない。だから、安定沃素の錠剤をあらかじめ服用して、甲状腺にこれを貯めておけば、その後に放射線を放出する放射性沃素を体内に摂取しても、一定量以上の沃素は不要だとして、体の組織はこの放射性沃素を短時間のうちに体外に排出するので、甲状腺の放射線被爆をかなりの程度、抑えることができることが知られている。

しかし、東方からやってきたチェルノブイリの放射雲から市民を護る目的には、もちろん、この安定沃素は配られていなかった。その時には，放射線を降り注ぐ乱雲が、フランス国境で、不思議にも、歩みが止まってしまったと、仕方なしに嘘の発表をして、メディアを巻き込んだ。しかし、そんな説明を信じる人は少なかったのだが……。

一九九七年二月六日、SCPRI（フランス放射線防護中央局）を引き継いだOPRI（放射線防護局）と、IPSN（原子力防護安全局）は、原子力災害の場合の、二つの組織の間の関係についての協議書に署名した。この協定では、原子力災害後の放射線の視点から見た環境評価について言及している。この議定書の前文には、「OPRIとIPSNの指令がよく達成されるためには、二つの組織が定期的に協議して、できるだけ統一された内容を、公に報告する必要がある」と記されている。

原子力災害の分析に当たって、意見の不一致があることが問題なのだ。このような不一致は、住民の不安と疑惑を呼ぶものなのである。フランスの責任者たちは、一九八六年のチェルノブイリのように、EDFが有効性を主張している三重の壁を突き破って環境に大量の放射線を放出して、住民を被曝させ、管理するのが困難な「擾乱」を引き起こし、社会を不安に陥れた放射線事故によって、不意を衝かれることのないように、いろいろの対策を講じているのだ。

チェルノブイリの衝撃

チェルノブイリの大災害の一〇周年の日は、健康やその他の問題の責任者が、大変なごまかしを行なう機会となった。甲状腺ガンを患った子供たちが、ベラルーシを始め、ウクライナ、そして少数はロシアにも、合計して数百人もいることは確かである。そして、事故処理に当たった清掃者たちの健康が思わしくないことも、認められている。しかし、チェルノブイリ事故の及ぼした健康障害は、全体としては、軽微であったとするレポートが、ウィーンで一九九六年四月に行なわれたＩＡＥＡ（国際放射線防護委員会）会議で報告され、これがフランスのメディアで中継された。一九九一年五月、チェルノブイリ事故により汚染された地域の住民に関して、ストレス以外の健康についての影響は全くなかったとＩＡＥＡが、発表していたことを思い出す。子供も大人も同じように、呼吸、および経口によって放射性物質を摂取してしまっており、かつ汚染地帯では、放射性のセシウム、ストロンチウム、ルテニウムや、あるいはプルトニウムを含有するホットな粒子の経口、あるいは呼吸によって放射性物質の摂取がいまだに続いているのだが、その生体に対する影響がなかったと発表したのだ。フランスにおいては、原子核医学の大教授で、甲状腺の専門家でもある人達が、「沃素以外の放射性元素、例えば、セシウムなどは、体内の特定の組織には沈着せず、体中に行きわたるので（これは、ストロンチウムについては誤りである）、体組織への影響はない」と、権威者ぶって断言している。（訳注）

訳注）　体内摂取した後、体に行き渡る放射性元素は、全身のあらゆる組織に放射線の障害を与える

危険性を持っている。体内に行き渡る元素は、体組織に影響がないなどというのは、まったくの間違いか、欺瞞である。

放射線防護の多くの委員会は、体中の放射性元素の代謝を説明するためのモデルを次々に発表し（そして、モデルを改良して、文献に次ぐ文献が現われる）、結局、事態は複雑になるばかりである。これらの高名な医者たちは、放射性元素が特定の体組織に沈着せず、体中に行き渡れば、健康に対する影響はないと言うのだ。子供の甲状腺障害は、確かに、大災害のすぐ後に起きている。現地ベラルーシの医師たちが、このことを確認し、異常な人数の子供達の手術をするための医師たちが必要であると訴えているにも拘らず、西ヨーロッパのガン研究専門家たちの研究組織、ＷＨＯ（世界保健機構）などの公的な専門家たちは、甲状腺ガンを否定したのだ。ベラルーシの医師たちの情報を発表することができたのは、ＷＨＯの幾人かの医師たちと科学者たちが、ベラルーシの医者たちによる新しい情報を、付帯した短文として付け加え、何としても発表しようとした努力と忍耐のお陰であった。その時点では、問題のガンは多くはないとされていたのだが。

最も汚染された地域の状況の深刻さと、甲状腺ガンの発生数の異常な増加を前にして、無責任にも、原子力推進を保証するための法律を準備していた国際的な責任者は、ついに降伏して事実を認めたのだ。

もし、甲状腺の問題が公になれば――ガン以外にも甲状腺の各種の機能障害があり、これらは、放射性沃素による汚染の後、すぐに現われた――人々が事故による放出物によって放射線照射を受け、汚染されて、被害を受けたことが証明され、そのことを公に認めることになる。専門家たちは、原子力危機において民衆が野蛮な爆発を起こしかねないこのような事態を、特に恐れている。

ミンスクの街頭で、ベラルーシのデモが行なわれたことは、危機管理者にとって危険なものであった。ソ連ではめったにない重要なデモ行為が行なわれたことが、政治責任者に、一九八九年二月、汚染の規模を明示する地図を発表させ、新しい住民の退避が、更に必要となることを認めさせたのであろう。この汚染地図を掲載したベラルーシの新聞は、パリ地区の図書館で入手することができるが、フランスのジャーナリストの好奇心を、ほとんど喚起しなかったことを付け加えておこう。

放射性沃素の甲状腺に対する作用は、汚染状態を生体が指示しているものであると考えなくてはならない。甲状腺を安定沃素で一杯にしておいて、放射性沃素の問題が甲状腺に現われるのを避けることだけで、原子力事故により放出される他の臓器の放射性元素による影響も、阻止することができると考えるのは、余りにも単純に過ぎ、根拠がない。被爆によって発生するガンは、通常、一〇年、二〇年のずっと後になってから現われるのだ。ガン発生数のデータは、官憲によって簡単に操作され、統計誤差の中に隠されてしまい、自然に発生するガンと識別することは、困難なものとなろう。

しかし、事故に伴う放射線物質を含んだ雲が、事故を起こした原発から五キロメートルで止まることはない。だから、安定沃素の配布は、五キロメートル以上の区域まで行なう必要がある。しかし、これを遠くまで配布すれば、事故の影響は、ずっと遠くまで及ぶことを認めることになり、住民を不安に陥れることになる。この折り合いの境界線を決めることは、我々の責任管理者の苦悩と恐れの的となろう。

第6章

原子力発電の大事故と民主主義の破綻

ある国で原発の重大事故が起これば、その国の住民の衛生的な生活、経済、農業、食料は、完全に破壊される。国の責任者にとっては、このような危機を、住民個人の思い通りに管理させることは、考えられない。

結局、個人は、状況の重大さを判断するために必要な情報を持っていないし、それを持っていても、正しく解釈できないのだ。たとえば、天候条件を正確に知る必要があるが、それは急速に変化する。加えて、個人は、一般的には、彼ら自身の健康衛生の防護にしか注意を払っていないだろう。

放射線被曝のためにガンになれば、稼ぎがストップし、医療費が必要となり、マイナスが一方的に増える。事故の起こった場所から移住すれば、放射線被爆を避けることはできるが、以前の住宅と職業を放棄しなければならない。事故が起これば、住民にとってはマイナスの要因ばかりが増える。しかし、事故対策担当の政府責任者は、できるだけ小額の予算によって、できるだけ多数の住民を移住させる計画を立てなければならない。汚染地区から避難する決定を、費用と便益の観点から「最適化」することが、政府責任者の視点である。

危険性は完全にゼロにしたいという不可能な要求をする人々の態度を、科学専門家は非難する。しかし、この非難の論理は、早まっていないだろうか？　専門家が、有限の核リスクを伴う状態を作ったのではないのか？　原子力産業を拒否するならば、原子力のための危険性を完全に避けることができるではないか！

原子力の危機管理は、専門家のみに委ねられるべきではない。専門家とは、彼らが「専門性」と「有能さ」を持っていれば、その無責任さは免責される人間のことであり、人々は彼らの決定の結果に従わざるを得ないのだ。彼等は、戦争中における軍事専門家のような、匿名で、責任のない人種なのだ。

住民の「非合理的で主観的な心配」の罠から免れている「自覚的な」専門家にとっては、彼らが下さなければならない決定のうちで、個人にとって最大の懸案事項である効果的な健康予防は、配慮するべき一つの因子でしかない。「国家の利益」は、もっと「複雑で繊細な」分析を意味しており、そこでは経済的配慮が普通の時期に比べて、よりいっそう重点が置かれる。責任者にとっての第一の関心事の一つは、「社会不安の鎮静化」、はっきり言えば、いくらかの真実の情報を伝えることのできる者、あるいは、明瞭な行動をすることのできる者の「騒ぎ立て、擾乱を沈静化すること」である。多くの社会学者がこの問題に答えようと努力している。重大事故の衝撃は、メディアの衝撃によって定義付けられるということを、責任者はよく心得ている。重大事故の管理は、事故のメディア管理によって決定されることは、明らかである。「原子力災害」の場合の「当を得た」管理の準備練習のために、記者たちには擬似の事故が提示される。もちろん、このような機会に参加する記者たちには、参加費が配られる（イブ・マム著『これはメディアの罪だ――情報作りについてのエッセイ』ペヨ、一九九一、九四ページ）。

事故時において原子力管理者が持つ裁量

原子力事故の管理についての法律は、あらかじめ設定された条件を課すことによって事故管理者を拘束しないようにする必要性を、前文に掲げている。専門家は、必要に応じて、事態を「できるだけ良い方向」に導くために、行動の自由を持っていなければならない。彼らが、危険管理の原則に従って、前もってあらかじめ定められている法的な拘束に縛られているということは、ありえない。

危機に直面した原子炉を、人が介入せずに放置することはできない。換言すれば、「接近して作業をする者」にとっては、非常に高い被曝もありうることを意味する。もし、誰もチェルノブイリ原子炉に介入しなかったならば、もっと大量の放射能汚染が大陸に拡散し、損害はさらに大きなものとなっていたであろう。

フランスの法律では、限界値を越える放射線被曝条件の作業に人を介入させるような可能性を暗示するようなことは、一九八六年まではなかった。しかし、チェルノブイリ事故後の、一九八六年十月二日付けの法律（法番号八六―一一〇三）では、「協議された例外的な被曝」と「緊急の被曝」に関して、放射線防護の法律が要求する被曝限界を超過することが、認められている。この点については、一九八八年五月八日付けの「基礎的な原子力施設における放射線の危険に対する労働者保護の関する」法律（法律番号八八―六六二）においても、一九八六年十月二日付けの法律（法番号八六―一一〇三）を継承している。

しかし、問題となる「協議された例外的な被曝」と「緊急の被曝」という二つの状況については、法律は不透明な定義しかしていない。

＊「協議された被曝限界以上の例外的被曝」とは、施設の通常の動作時と比べて、例外的で異常な動作に伴うものであるとされている（しかし、事故の状況にはない）。この場合も、法律が定める被曝限界の二倍の被曝を超過することはできない。一九八八年に、「緊急の判断がそれを正当化する」時には、「作業者の同意の下」に、そのような作業をも「受忍する」ことになった。一九九一年十一月十九日付けの法律（法番号九一―九六三）は、「放射線の危険に対する労働者の保護」に関して、エディス・クレッソン、マルティーヌ・オブリ、ルイ・メルマ、ジャン＝ルイ・ビアンコ、およびブルーノ・デュリューの署名の下に、多少の変更がなされており、「受忍する」と言う例外的な表現が「実行される」と、変更されている。

緊急事態を正当化する条項は削除され、「例外的な作業」と、一般化されている。加えて、

「同意の下」と言う表現も削除されている。このようにして、正当な条件なしに、原子力労働者に、法律で定める二倍の被曝量を与えることが、可能とされたのだ。法律で決められた被曝量を二倍にすることも、法律で決められるのだ。法律とは、奇妙なものではないか！

＊「**事故時の緊急の被曝**」は事故に対応するものであり、緊急作業の条件は、一九八六年十月の法律に詳細が規定されている。この場合には、被曝限界の記載がない。「被曝限界を超過する被曝の危険性について、特に知識を持ち、あらかじめリストに記載されている自発的な意思を持つ者だけが、緊急被曝作業に携わることができる。超過被曝量は、労働医師により、あらかじめ決められている」。

次の諸点に注意しよう。

1　誰が受忍する最大被曝を自発的に受けるのかについて、個人には知らせてはならない。

2　原子力施設において、このことに関して表を作成しない。

3　産業医は、何らかの法律を参照することなく、目安となる被曝量限界を決定できる。産業医は、作業者の健康に関して、絶対的な、しかし、責任は負わない決定者である。

4　自発的な意思に従って被曝しようとする者がおらず、状況が緊急の場合については記載がない。

5　この規則は、被曝労働を割り当てられている労働者にのみ適用する。この法律は、憲兵隊員、兵士、消防署員、警察官などの、外部労働者には適用しない。彼らの中からは、志願者を募集しない。

原子力産業は、清潔で、危険のない産業でなければならない。しかし、責任者が、現在、人々に要求しているのは、人々が、原子力の危険の見通しの下に生活することを許容し、理解することであり、消滅することはあり得ない原子力産業の廃棄物の貯蔵所の存在を許容し、理解することなのである。

現在、信頼が置けると認められている情報から出発して、原子力に関する書類を公開し、民主的な討論に付すこと、および原子力産業のすべての面から秘密が公開されることが、緊急に必要である。

民主的な枠組みの中で、住民の健康を保護することは、原子力産業の人権侵害的な社会—経済の強制とは、相容れないものなのだ。

第7章

原子力発電から早急に脱出する絶対的な必要性

フランスは、原子力発電に関して、工業国の中で常軌を逸している。他国は、化石燃料（ガス、石炭、石油）を豊富に用いている。また、エコロジストの中で広がっている神話とは反対に、風力など更新性エネルギーによる電力生産の割合は、原子力を用いていても、いなくても，非常に僅かでしかない。

フランスのすべての原子力発電を直ちに停止する法律を、その代わりの対策なしに、決めるならば，人々の生活を辛抱できないような，混乱に陥れるであろう。原発のもたらす危険がどんなに大きくても、そのことは間違いがない。フランスでは総電力の七五％が原発により生産されているのだ。これが突然ストップされれば、家庭においては電気冷暖房も炊事もほとんどストップしてしまい、多くの工場は操業停止の状態となろう。

原発からの脱出を考えるいろいろの異なったシナリオは、もし原発の重大事故が起これば、その歩みを加速するであろう。しかし、原子力から解放されるために事故を待とうとするシナリオは、本末が転倒している。原発の重大事故が起きた後に、驚いて原発を止めるならば、電力不足のために事故処理までもが停滞してしまうであろう。原発の大事故が起きても、同じ型の危険な原子炉をストップすることさえ、不可能であろう。事故処置のための臨時の莫大な費用に加えて、寿命に達する前の稼動中の原子炉を停止する損失が加わり、急遽、化石燃料発電に切り替えるための費用を捻出することなど、できるはずもなかろう。事故による大きなダメージを受けた後に、原発からの早急な脱出を検討するなどというのは、幻想なのである。ウクライナでは、チェルノブイリ事故の後に、七基の原発を稼動させたことについては、余り知られていない。事故による大きなダメージを受けた後に、徐々に原発からの脱出を検討するのは遅きに失して、メリットがない。事故の起こる前に、原子力から早急に脱出することを実現しなければならないのだ。事故の前に、即刻に、原発からの脱出を開始する必要があるのだ。

社会に及ぼす原子力エネルギーの大きな危険をごまかして、ＥＤＦ（フランス電力公社）は、数年後には老朽期に達する原子炉を刷新し、あるいは、寿命を延ばす（四〇年までの寿命計画）ための欠陥部品を交換するための許可を、議論抜きで得ようとしている。一四五万kWの原発四基（その内の三基は一九九八年一月に電力網に接続された）は、我々を原発から脱出させる日を、遅らせるものである……もし、急進的な示威行動が起こらないならば、暗黙の更新によって、自動継続的に数十年にわたって、原発の恐怖の下に生きざるを得ないのだ。

原子力からの脱出を決意するのは、今なのである。私たちと私たちの子供たちの生命を、産業と技術官僚の利益のためには犠牲にしないという、私たちの意思を示威する必要があるのは、現在なのだ。ずっと将来に先送りされた原発からの延期された脱出を掲げるいろいろのシナリオ、例えば、「ヨーロッパのエネルギーと環境の戦略・評価研究所」（ＩＮＥＳＴＥ

NE）の緩和シナリオの中の、二五年間にわたる穏やかな脱出計画を受け入れることは、原発許容の内部選択であり、核事故が起きたときの結果を受容するものである。原発が実際に示している危険性を客観的な事実として認める場合、原発からの脱出を遅らせるあらゆるシナリオを正当化することはできない。政治家の野合を主要な関心事とする選挙期間にあっては、他の理由の分析に従って、原発からの遠い将来の脱出というシナリオを採用することもあるのであろう。しかし、これを支持する者が、原発の悲劇的な行き詰まりから、できるだけ早く脱出する必要を重要視していないことは、明らかである。IAEAや多くの国家機構、国際機構は、チェルノブイリの被害の扱い方を「許容し」、より正確に言えば、それを繰り返すことをも「許容する」程度にまで軽視することに成功していると、信じざるを得ない。

原子力発電から即時に脱出するためには、生活様式（エネルギー経済なども含めて）の変更を条件付けたりしないことが必要であり、また、これを再生可能のいわゆる更新性エネルギー開発（風力、潮力、太陽光、地熱、その他によるもの）によって置き換えるなどという条件付けをしないことが必要である。更新性エネルギーが原子力エネルギーを代替することは、現実には、不可能である。社会構造を大きく変更せずに、遠い将来において、これらの更新性エネルギーが重大な役割を担い得ると考えることには疑問がある。原発の行き詰まりからの脱出のために、更新性エネルギーのみを期待することは現実性がなく、結局のところ、原発エネルギーを長期にわたって維持し、正当化する結果となってしまう。これは、全く受け入れがたい。

市民にとって信頼し受け入れることのできる、原発からの早急な脱出の戦略は、現実に使用できる技術、すなわち、水力による電力と化石燃料（ガス、石炭、石油）による電力のみを念頭に置くべきである。産業国で用いられている電力の大部分は，現実に、この技術に依存しているのである。原子力エネルギーの有無に関わらず、更新不可能な化石燃料によるエネルギー消費を、地球上で永遠に続けることはできない。我々の社会が、この問題、とりわけ南北に富を分配する問題に立ち向かう必要はあろう。しかし、フランスにおいて原子力発電を推進してもしなくて、基本的には、この二つの大問題のバランスを大きく変えることはない。しかし、原子力発電からの脱出を遅らせるために、この大問題を振り回すことは当を得たものではないと、主張したい。

エネルギー経済が、原発からの脱出にインパクトを与えるためには、電力経済が問題にされなければならない。木材による暖房が、ごく一部の石油暖房の代わりになるとしても、電力エネルギー収支には全く関係がない。

更新性エネルギー（太陽電池や風力）の発展は望ましいものではあるが、これらのエネルギーには困難があり、我々の社会の大きな比重を占める都会には，これを大量に設置するのは難しいので、そのインパクトは小さいものでしかない。我々の社会が都市化することは問題視されるものではあるが、激しい社会問題を起こさずに、急速に、都市を縮小、または、抹消すること（ポルポトの方法）は不可能である。

早急な原発の行き詰まりからの脱出、そのための前提となる条件は何であろうか？人々の健康と社会生活（現在と将来の）に対する原発の危険性が、決心を下すための基本的な要素である。我々が、生き延びることと、社会が生き延びることを重要視するべきである。経済条件は、副次的であろう。原発からの脱出の経費の問題は、人類の存続とは無関係かつ副次的な「特異な関心」から由来するものであり、人々の健康と生活の保護と競合するべくもない問題なのだ。

我々の生活の仕方に著しい影響を及ぼすことなしに、今すぐ、対策をとることができるはずである。

フランスの電力の生産と消費の状態を細かく検討することが、現存の電力の容量を知るために必要である。これは、次章の課題である。

第8章

フランスの電力生産

電力総生産（一九九五年十二月三十一日現在）

フランスの電力は、主として原子核反応により生ずる超高温の熱力、化学反応により生じる高温の熱力、水力の三つの異なるタイプの力により生産されている。ＥＤＦ（フランス電力公社）により出版された「使用技術結果、一九九五年」によると、一九九五年における電力エネルギーの生産は、四七〇六億kW時に達し、その内訳は表4のようである（ＥＤＦがこの電力生産の九四％を占めている）。

訳注）　生産された一年間の電力は、発電施設の出力（kW単位）と年間の稼働時間数との積であるので、その単位はkW時となる。もし、一日二四時間、一年三六五日を通じて、一年間、施設が休みなしに稼動していれば、その稼動時間数は、二四×三六五＝八七六〇時間となる。出力一〇〇万kWの原発を、一年間を通して連続運転した時の供給電力は、八七・六億kW時、あるいは概数として、一〇〇億kW時弱となることを覚えておくと、この章および以下の章で出てくる大きな数値の年間の電力生産の規模をイメージしやすくなろう。

電力の輸出

電力の輸出は、原子力発電の総体が持つ超過容量でもある。超過容量のお陰で、ＥＤＦは、電力エネルギーの重要な一部分を輸出することを可能としたのだ。設置された原子力発

表４　フランスの原子力発電、化石燃料発電、及び水力発電による電力（1995年）

	施設出力（万kW）	生産された１年間の電力（億kW時）	稼動率（%）	フル出力換算の稼動時間数（年間）
原子力発電	5850	3582	70	6123
化石燃料発電	2400	369	17.5	1537
水力発電	2500	755	34.5	3020

電容量と輸出量の年代経過をたどってみると、このことは明瞭となる。電力輸出は、一九八四年以降になって、始めて大きなものとなり、この年に、電気エネルギー総生産の内で、原子力発電が顕著な役割を担い始めたのだ。電力輸出は、原発による電力生産の発展とともに、規則的に増加した。

一九八四年には、原発による電力の内一三・八％（全電力エネルギーの八％）が輸出された。一九九五年には、フランスは七〇〇億kW時を輸出しており、これは、原発による電力の二〇％（全電力エネルギーの一五％）となる。シューズとシヴォーに四基の原発が設置されたことは、国内の電力消費が停滞していることを考えると、輸出の増加にしか割り当てられないであろう。

輸出電力は原発によるものであることは明らかであり、電力輸出はＥＤＦの原発の動機付けの一つであると、考えられるよう。

この七〇〇億kW時の電力輸出は、九〇万kWの原子力発電一一基、あるいは、一三〇万kWの原子力発電九基の年間発電量に相当するものである。輸出国あたりのデータを表５に示す。

イタリアは非原子力国とみなされているが、フランスから原子力発電三基の電力を輸入して、消費している。スイスは、原子力凍結のモラトリアムを掲げているにもかかわらず、輸入によって、原発由来の電力を四〇％増加することを、可能とした。フランスに貯蔵されている核廃棄物の二〇％は、実際には、輸出に由来する電力生産によるものである。

原子力産業における電力の自己消費

原子力産業は、特に濃縮ウランの生産（フランスでの消費および輸出用）のために、電力を大量に消費する。ＥＤＦやＣＥＡのエネルギー総括においては、このことに関して触れていない。しかし、電気消費量を各県で、地域ごとに詳しく調べてゆくと、原子力発電の電力生産の七〜八％、一年間に換算して二八〇億kW時は、自己消費によるものであると評価することが出来る。

この消費量は、九〇万kWの原発五基、あるいは、一三〇万kWの原発三・五基に相当するものである。自己消費電力は、無視できないものであることが理解されよう。

非原子力による電力生産の容量

一年間につき、輸出電力は七〇〇億kW時、原子力の自己消費は二八〇億kW時に及ぶこと、

表5　フランスから諸国に輸出された電力（1995年）

	輸出エネルギー（億kW時）	輸出エネルギー相当の原発（90万kW)基数
イタリア	175	3
ドイツ	168	3
イギリス	164	3
スイス	90	1.5
スペイン	56	1
ベルギー	48	1
アンドラ	1	——

そして、その合計九八〇億kW時はフランスで一般消費されるものではないことを述べた。これを、表4中の一九九五年におけるフランスの電力生産量の合計、四七〇六億kW時から差し引くと、三七二六億kW時となり、これが一年間の、フランス国内で一般消費される電力消費量に相当する。現存の化石燃料により生産された発電施設の容量は、表4より三六九億kW時であるが、その稼働率は一七・五％に過ぎない。この発電施設は、原子力発電よりも維持が簡単で、強固であるので、稼働率をずっと高めて、九〇％で動作させることが可能であり、一年間一九〇〇億kW時の生産量の供給を見込むことができよう。表4より、水力発電の容量七五五億kW時を加えると、一年間に二六五五億kW時の生産量となる。フランスの現在の消費量三七二六億kW時を確保するためには、一年間に一〇七〇億kW時が不足しており、これを補うには、原子力発電の現在の供給量の三〇％で足りることになる。

即ち、電力輸出と電力の自己消費を止め、かつ、従来の発電施設（化石燃料発電と水力発電）をフル稼働させることによって、現在の原子力発電の七〇％に相当する大量の発電量減少が可能となるのだ。この減少量は、フランスの九〇万kW級のすべての原子炉三四基と、一三基の一三〇〜一三五万kW級の内の七基を停止させることに相当する。

電気暖房と電力消費のピーク

ＥＤＦは熱心に推奨しているのだが、電気の利用の最も非合理的な利用である電気暖房による電力消費を保障しようとすれば、上に述べた原子力発電による電力節減のシナリオはどうなるのだろうか？　電気暖房は、年間で数日、あるいは実に数時間について、電力生産の巨大容量を要求し、必要とされた最大電力は七〇〇〇万kWにも達していたことが記録されている（一九九三年一月四日、月曜日）。暖房のための電力需要が最大となるのは厳寒期であり、化石燃料を用いる発電の施設容量一杯まで発電できるように施設の年サイクルを準備することは可能であろう。他方、輸出と電力自己消費は、概して年間に平均しているので、電力消費のピークの原因となるものではない。すなわち、年間の輸出電力七〇〇億kW時と、自己電力消費電力二八〇億kW時の合計九八〇億kW時を八七六〇時間で割った値、一一二〇万kWは、年間に平均している。七〇〇〇万kWから一一二〇万kWを引いた値、五八八〇万kWが、市民消費に由来するピーク電力消費となる。表４より、化石燃料発電と水力発電の施設容量は四九〇〇万kWなので、これらを厳寒期のピーク時にフル稼働させれば、約一〇〇〇万kWがさらにピーク時には不足することとなる。原子力発電の七〇％を緊急停止しても、即ち、表３の原発の施設出力の容量五八五〇万kWの残りの三〇％、一七〇〇万kWをこれに当てれば、ピーク電力消費にはゆとりを持って、対応できるという計算になる。

新たにＥＤＦによる電気暖房奨励のキャンペーンがなされているが、これは市民の本来の関心事を隠して、原発を生き延びさせる口実になるのだ。市民の関心を代弁しようとしている政治家たちと諸機関が、ＥＤＦの電気暖房についてのキャンペーンに無反応なことは、許しがたい無責任振りである。新しい建築を行なう際、排気煙突の付いた暖炉を設置することを義務付けようと、行政は新しい対策を講じているが、その有効性は余りにも小さい。緊急で、最も対策が必要なのは、新建築物のすべての電気暖房を禁止することである。原発の行き詰まりから早急に脱出するための本当の衝撃は、エネルギー経済学が、電力エネルギー経済に対して立ち向かうことであり、このことは、暖房の分野で急務である。都会において（これが決定的である）、電気暖房をガス暖房に変換することは、政府の対策が講じられれば、早急に行なうことが可能であろう。古い自動車を買い換え易くするための財政対策（バラデュール氏の対策）は、自動車産業にとって有効であった。同じタイプの対策が、暖房のために電力消費を急速なペースで減少させ、原発による電力を減少させることを可能とするであろう。電気暖房の使用が、フランスの原子力発電網を完全に、直ちに停止する可能性に、立ちはだかるのである。緊急対策を講じて、国内電力消費の最大部分（三〇％）を占める電気暖房を減少させる必要がある。

今まで述べたことをまとめると、現行の電気容量のままで、次のことが可能である。

・原子力発電網の五七基の原発のうち、その七〇％を停止すること。事故のときに住民を保護するのが困難な地域（パリのような人口が過密な都市地域、ローヌ川流域のような、事故時に原子力―化学の複合的な事故の危険がある工業発展地域）に存在する原発、古い型の原発（新しい型の原発は安全というわけではない）のうち、稼動時に多くの事故を起こしている原発を選んで、停止すること。スリーマイル島の原発は、事故の前には、十一カ月しか稼動していなかったし、チェルノブイリの四号炉は、事故の前には、三年しか稼動していなかったことを思い出そう。

・一九八五年九月に稼動して以来、電力生産がとても少なく、電力生産の決算表には、全く貢献していないスーパーフェニックスを停止すること（これは一九九八年に実現した）。スーパーフェニックスはその運転停止期間中も、一次循環系のナトリウムを高温の溶融液体状に保つために電力を必要とし、その電力を積算すると、非常に高価となる。この電力消費は、スーパーフェニックスの目的とする電力生産よりも大きい可能性が高い。

・九六年と九七年に電力網に組み入れられた三基の原発とは異なって、シヴォー２号原発が、電力網に組み入れられなかったことは、電力輸出の増加と電気暖房のブームのみによって、正当化されるものである。

・ＥＤＦの未来の原発計画を中断する。

・原子力活動での自己消費を断念すること。特にウラン濃縮は、大量の電力を消費するだけではなく、同時に、劣化ウランという廃棄物を大量に生産する。濃縮ウランの少なからざる分量は輸出され、その廃棄物はフランスに留まっている。

・ＭＯＸ燃料の製造と再処理を断念すること。

行なうべき最初の対策は次のようであろう。

・通常の電力生産（石油、ガス、石炭、および水力による）の最大利用。ＥＤＦとフランス石炭は、有毒生成物の固定・捕捉についての有効な処理法を持っているが、これを通常の熱発電に組み合わせることを可能とするために必要な改良を実現すること。

・中国への輸出とフランス本国での利用（六〇あるいは七〇万kW）のために、ＥＤＦが、最近開発した化石燃料の発電炉（きれいな石炭）の操業を始めること。

・電気暖房の廃止を補助する国家計画を実施すること。

化石燃料（石炭、ガス、重油）による発電

表4に示した異なる発電源による発電容量と発電量の数値は、一九九五年のものである。一九九六年一月一日の時点では、従来の化石燃料を用いる施設の発電容量は二四〇〇万kWであり、その内の一七四〇万kWは、フランス電力公社（EDF）に所属するものである（更にその内、重油によるものは四六％、石炭によるものは四八・三％）。しかし、EDFはこれらの化石燃料による発電施設をフルに使用せずに、その一部を待機状態にしている。一九九四年一月一日では、一〇〇万kWの容量相当の化石燃料を用いる発電施設が待機状態であった。さらに、約五〇〇万kWの容量相当の一三基の発電施設が運転休止となり、その結果、一九九五年一月一日では、合計して、六〇〇万kWの化石燃料を用いる発電施設が待機状態になった。それ以来、一九九六年には、EDFは約一一〇〇万kW容量相当の化石燃料による発電施設しか使用せず、フランス全体の年間四一八億kW時の化石燃料による電力生産のうち、EDFによって生産された電力は、二一二億kW時となっている。

一九九七年には、一〇〇万kWの化石燃料を用いる発電施設が更に不使用扱いとなったが、EDFは、これに加えて三五〇万kWに相当する化石燃料を用いる発電施設を廃止する計画を

立案している。もし何らかの措置が講じられなければ、新しい施設廃止が続くであろう。これらの施設廃止は、施設の老朽化が原因となっているのではない。シューズとシヴォーに合計五五〇万kWの原子力発電施設が運転を開始し、原発の電力生産を増加させようというＥＤＦの意図が、これらの従来の化石燃料による熱発電施設の廃止の原因なのである。

「できるだけすべてを原子力で！」と呼ばれるこのような戦略にもかかわらず、ＥＤＦは化石燃料、特に石炭による熱発電には無関心ではない。「電力生産分野で、ＥＤＦを国際レベルに発展させるためには、石炭施設に依存せざるを得ない。世界の電気生産の六〇％は石炭による発電施設に依っているので、国際レベルの競争力を保持するためには、フランス自国内の石炭施設による発電施設は世界レベルでなければならないのだ」。これは、一九九七年一月三日に、「国家送電委員会」に提出されたＥＤＦ書類からの引用である。ＥＤＦは、フランス以外の世界の将来の電力は、石炭に依存していると考えており、フランス石炭公社グループと同様に、将来の熱発電における「きれいな石炭」技術の輸出を計画している。

ＥＤＦの従来の化石燃料による発電所からの煤煙の汚染除去装置（脱硫酸と脱窒素）がテストされ、運転休止中の施設が再稼動する時に、これが採用されるために、テスト済みの解決策を提供できるように準備がなされている。また、ある発電施設には、煤煙全体の洗浄システムが整備され、その産業レベルの稼動は一九九七年（コルドメ）、一九九八年（ル・アーヴル）に見込まれている。

石炭の〝きれいな〟燃焼技術として、一九九〇年に稼動したカルラン（フランス東部）の一二・五万kWの施設、最近稼動を始めたガルダンヌの二五万kWの施設など、フランス石炭公社による循環流動床を装備した施設が挙げられる。またEDFは、プエルトラノ（スペイン）の複合サイクルでは、石炭をガス化する三〇・二万kWの施設の共同開発に、参画している。さらにEDFは、ジャンヌヴィリエ施設（二〇万kW）のような燃焼タービンをも開発し、天然ガスの複合サイクルの発展を手がけており（六五〜七〇万kWの諸施設）、二〇〇五年以降の石炭利用の新しい技術開発をも念頭にしていることを述べておこう。

第9章

更新性エネルギーについての誤った議論

原子力発電の継続や、遠い将来の脱原発などの議論（この議論は、原子力発電の渦にいずれ埋没してしまうものだ）には、よく注意を払う必要がある。

原子力の代わりに化石燃料を採用することは、地球の温暖化を増大させるのか？　炭酸ガスを発生して温暖化に一役買うことなしに、化石燃料を燃やすことが全く不可能なのは明白である。

第三版の出版に際しての補足（温室効果）

不思議にも、多くの人々の意見が良く一致していることだ！　温室効果を持っているのは炭酸ガスであり、そのために急激な地球温暖化が生じているとして、世界中の合意が出来上がっている。しかし、その実際の過程は複雑で、これが十分明らかにされたとは、到底言えそうにない。温室効果を持つ物質としては、化石燃料の燃焼により生じる炭酸ガスのみが、通常考えられているが、メタンや、CFC（フッ化、あるいは、塩化した炭素化合物）、およびその置換体、さらに水蒸気、エアゾル類も、温室効果を持つことが知られている。また、太陽活動や、森林伐採などの与える影響は、きわめて小さいものとされている。

著者は、情報源として、IAEA（国際原子力機関）、CEA（フランス原子力庁）、DOE（アメリカエネルギー省）を参照したが、原子力発電によって生産される電力は、世界の全一次エネルギー消費の五％強程度を供給しているに過ぎない。

ＩＡＥＡによれば、従来の燃料、すなわち石炭、重油、ガス、木材の燃焼によるエネルギーが、消費目的の世界の一次エネルギーの八八％を占める。そして、消費された一次エネルギーの三三・七％が電気エネルギー生産に用いられ、その内訳は、従来の化石燃料の燃焼熱によるものが二一・七％、原子力によるものが五・四％、水力によるものが六・四五％である。八八％と二一・七％の差は、発電以外の目的の化石燃料の使用に相当しており、具体的には、燃焼による暖房、輸送のための動力、石油化学工業、その他であり、電力生産以外の目的を持つ石油の役割は、現代社会を維持する上で、非常に大切な役割を持つものである。

フランスの原子力発電によって生産される電力は、世界の消費目的の全一次エネルギーの一％にも及んでいない。従って、フランスの原子力発電を化石燃料発電で置き換えたとしても、その炭酸ガス発生による地球温暖化の増加分は（その原因は炭酸ガスのみであるとして）、一％にも及ばない。

地球温暖化については、イヴ・ルノアールによる（炭酸ガスと言う偶像の）偶像破壊的な著作『気候パニック』が、参考になる。専門家によって行なわれた炭酸ガスによる地球温暖化のモデルは、実際に観測されている気候の変化を説明できないものであり、重要なパラメータ群を無視しており、単純化した見方に還元したものでしかないことを明らかにしている。

世界の総電力生産の五％にしか過ぎない原子力発電

先ず、評価計算を行なわなければならない。地球の温暖化に加担するすべてのエネルギーを原子力で置き換えることは不可能であり、世界の将来に予見される消費エネルギーの増加を原子力で賄うことは、もっと難しい。原子力によるエネルギーは、世界で消費される全エネルギーの五％強に過ぎないのだ。従って、全世界で原子力エネルギーを全廃しても、人類によるエネルギー消費に由来する地球温暖化は、五％程度の増加となるだけなのだ。そして、消費されたエネルギーに由来する炭酸ガスのみが、地球温暖化の原因なのではない。農業とメタンガスを放出する牧畜も、また、工業活動（フロンガスと、特に、その代用物質）も地球温暖化を担う。エネルギー消費に伴う炭酸ガス放出は、地球温暖化の約半分程度を担っていると考えられよう。それ故に、世界の原子力発電を全廃して、化石燃料に置き換えても、地球温暖化は、せいぜい二・五％程、増加するに過ぎないのだ。地球温暖化が本当に危機的なものであるとしても、世界の原子力エネルギー全廃は、地球温暖化には、余り大きな影響を与えないのだ。化石燃料を用いることで原子力を代替すれば、その炭酸ガス増加が地球温暖化を加速させることになるとするエコロジストの主張は、ＥＤＦにとって思ってもいなかった授かりものであり、ＥＤＦはこれに飛びつくことになった。

原発事故に対する極めて小額の損害賠償

原子力発電の施設を、その寿命が来る前に廃棄することは、ありうるのだろうか？　原子力産業育成のために投資された金額は、相当なものである。投資借り入れを完全に返済する前の数年間に、フランスの原子力発電所を更新することが、まじめに考慮されているようだ。しかし、原発施設の老朽化によりこれを更新する必要が起こる以前に、施設を停止することは、非常に高価なものになると思われる。

一方で、フランスで原子力発電所の大事故が起こった場合の必要経費は、実際に算定されたことがあるのだろうか？　部分的には既に触れたのだが、一九六八年十月三十日付けの法律を改正した一九九〇年六月十六日付けの原子力関連の事故時における市民に対する損害賠償に関する法律では、賠償額の上限を原子力発電の経営者、ＥＤＦに対して六億フラン（一二〇億円）まで、政府に対して二五億フラン（五〇〇億円）までに限定している。ＥＤＦは政府機関の一つであるが、この法律に見られるＥＤＦと政府の間の奇妙な責任分担額の配分には、疑問を禁じえない。また、この上限額は、重大事故の社会的管理の重要性にくらべて、お話にならないほど僅かな額である。六億フランということの補償上限額は、原子力災害のどの部分の損失に対応しているのか？　あるいは、これは、原子力事故における社会と市民に及ぼす危険の責任を引き受けることなど到底出来ない原子力産業を保護することにあてられた、おとりの役目を担うものなのであろうか？　事故の起きた原発から半径三〇キロメートルの円内に居住する住民が立ち退きになったとしよう。六億フランというのは、この地域の一平方メートル当たりの土地の補償額として、〇・二フラン（四円）を支払うということなのだ。六億フランと言う補償額は、破壊した原子炉施設の近くに住む住民の健康に対する重大な障害、フランス全土、および国境近くの外国の住民の長期間にわたるガンの発生や、子孫達の遺伝障害に対する補償などの費用を償うものとしては、余りにも小額である。

破壊された原子力発電所の放射能汚染地区に送り込まねばならない人々（兵士、消防士、現地の労働者など）のための費用も、この六億フランから支出されるのだ。チェルノブイリ事故は、事故処理に携わった清掃者に重大な健康障害が発生したことを明らかにした。この健康障害に対する費用はどうするのか？　個人の生命、より直接な表現をすれば、個人の死に対して、どれだけの費用を賠償するのか？　背徳の専門家達も、その費用は莫大なものとなることに驚かざるを得ないだろう。

専門家達は、一人につき一シーベルトの放射線を被曝することに対する価格を計算した。放射線被曝によって人が受ける損害額なのである。放射線被曝によるガン死、子供の甲状腺ガンの費用が設定されたのだ。この費用、我々の生命、我々の死の費用を見積もるために、いろいろの会議が開催された。しかし、専門家達は、市民の生命と、彼らの子孫の生命を幾らであると評価するかを、市民に相談することはなかった。我々の生命は費用で計算され、商業価値がつくのであろうか？　重商主義の社会の中で、フランスの原子力発電の事故が生じた時に、これが与える農業に対する経済損失が、きっちり計算されたことがあろうか。もしゴルフェックの原子力発電で重大事故が起これば、モアサックの葡萄や、アジャンの杏子をヨーロッパで買う者がいるだろうか？　ブレイエの原子力発電で問題が起これば、ボルドーのワインはどうなるのだろうか？　ポーイヤックやサン・テステーフの素晴らしい特産ワインは、この原子力発電からは数キロメートルしか離れていないのだ。ブレイエの原子力発電の事故が起これば、ボルドーワイン全体が壊滅となろう。グラヴリーヌの原子力発電で事故が起これば、北海の魚を誰が食べたいと思うだろうか？　フラマンヴィルか、ラ・アーグで放射線汚染が生じれば、イシニーやノルマンディのチーズはどうなるのだろうか？　ノージャン・シュール・セーヌの原子力発電は、シャンパーニュ地方から離れてはいない。また、フェッセンハイムはアルザス地方から遠くはない。ローヌ川流域は、原子力発電と危険な化学工業が、地震地帯に立地しているが、これらの施設で事故が重なった時には、ローヌ川流域の農業はどうなるのか？　これらの状況とその経済的損害は、分析されたことがあるのだろうか？

フランスの原子力発電で重大事故が起これば、フランスの農業（生物学的な農業も含めて）壊滅することは明白である。その打撃が余りにも激しいものとならぬように、国際的な連帯が起こることを期待せねばならないのだろうか？　通常時においてさえも国家間の軋轢は激しいので、原子力発電の事故においては、その軋轢は容赦のないものとなろう。法律がこれらの人々が蒙る損害を補償していない状態において（補償できるものではないのだが）、決定権を持つ技術官僚達が、人々の健康、発ガン、遺伝病に、自動的に敏感になることがありえようか？　彼らは、自分たちの経済的な利害のみにしか、敏感さを持っていないのだろう。フランスの技術官僚たちの心配事が、事故後の国内の、また国際的な経済的な葛藤のすべてを解決するのに十分であることを、誰が保障できるだろうか？

ボルドーの葡萄栽培者たちのような農業従事者が、その地域において相当な政治的な影響力を持っているにもかかわらず、原子力産業がその土地を壊滅させる危険以外には、何も利益をもたらせるわけでもないのに、彼らの地域の近くに原子力発電を建設することに口出しもせず、それを受け入れたことは驚きである。彼らの葡萄生産に及ぼしうる危険を考慮すれば、情報の厳格な管理と、彼らが生き延びるためにその情報の閲覧を要求しても良かったのではないのか？　しかし、このような戦略が空しいことも、明らかである。原子力災害が起これば、どんな対策を講じたとしても、国際的な競争相手が世界市場で、人を押しのけようとして、その機会を利用しようとするのを妨げることはできない。葡萄の生産を護るためには、危険なものを設置しないことを要求することが、最も大切であることは自明である。彼らの地域で、原子力事故が起これば、その結果がどのようなものなのかをはっきり見極めることが最も重要であろう。

原子力発電を今すぐに放棄する費用がどんなに高価であったとしても、原発の大事故の場合に出費することになる費用と比べれば、問題にならないほど僅かであろう。有能と見なされている公認の権威者達は、フランスでも大事故が起こる可能性があることを認めているが、そのような場合の事故処理のための費用については、計算がなされていない。その費用を計算しても、免疫障害、子供達の病気、ガン、さまざまの遺伝障害など、人々の蒙る損害を前にしては、無力なものでしかないのだ。チェルノブイリ事故による居住禁止区域に居住し続ける住民や、ベラルーシの汚染地区の住民の内に、遺伝障害があることは、専門家達はこれを認めていないにもかかわらず、明らかなようである。その上、憤りを覚えるほどひどい状況の中で、社会秩序を確保するために必要となっている、権威主義の社会の中で生活することを強いられているのだ（このことについては、「重大事故から権威主義の社会へ」、『物の見方十五、人類は科学の危機に直面しているか？』〔一九九二年五月〕において議論した）。

原子力エネルギーは国家の独立に役立つであろうか？　フランスはウラン燃料を生産しているが、フランス内ではその鉱山は、ほとんど枯渇しており、コジェマ社（フランス核燃料公社）は外国の鉱山（カナダ、アフリカ、オーストラリアなど）に投資して、資源を確保しようとしている！　フランスが支配しているこれらの国外の鉱山において、コジェマが安全性を遵守することに関心を持っていることなどありえようか？　コジェマは、フランス国内のウラン鉱山で労働する鉱山労働者の中で、肺ガンや咽頭ガンによる死亡率が高いことにさえ注意を払おうともしていないのだ！　フランスが原子力化されているという理由のために、国際紛争の原因となっている化石燃料の調達が、スムーズに運営できるようになったとは言えない。なぜならば、化学工業や自動車用の燃料等々を含むすべてのエネルギー消費に対して、化石燃料が最も重要性を持っているからだ。原子力による電力生産は、すべてのエネルギー消費の一部を補うに過ぎないのだ。

国際紛争は、エネルギー分野以外にも、産業上の重要な反作用を及ぼすに違いない。原子力発電の実績を積んでも、経済の世界化が急速に進行する今日、国家の独立に関するすべての問題が解決するわけではない。他方、国際的緊張は、国内的にも影響を及ぼし、原子力発電所はテロリズムの魅力的な標的となろう。このような危険性は、国際情勢が平穏な時にもなお、存在している。原子力の安全性に留意する観点からすれば、原発施設において悪意のある行為は増加しており、テロリズムを待つまでもない。原子力化した国家は、破壊されやすく、脆さを持っていると考える必要がある。

出力の小さい太陽光発電

更新可能なエネルギーが、原子力を代替する容量を持っていない現在、原子力発電からの脱出は遅らせなければならないのか？　更新可能エネルギー（太陽電池、風力）は、すでに技術的に優れたものであることを述べておきたい。これらのエネルギーが実現すべきことは、技術的な動作を更に向上させることではなく、その価格を低下させることであろう。

一九九〇年には、世界の太陽光発電の電気容量は、単位時間一秒あたりについて三三一・五万kWであり、年間の生産エネルギーは、七・一九億kW時であった。この割合で年間稼働を続けるとすれば、年間では二四時間に三六五日を掛け合わせて、三三一・五万kW×二四×三六五＝二八・四七億kW時となるのだが、実際の年間の生産エネルギーは七・一九億kW時であり、結局、太陽光発電の有効生産率は約二五％（世界の平均値）になる。太陽光発電の電力生産は、人の意のままに行なうことはできない。何よりも、日照が必要であり、蓄電施設が必要であることを述べておこう。

一九九四年、世界の太陽光電池の生産エネルギーは、六・九五万kWとなり、そのうち三六％の二・五万kWがアメリカ、三一％の二・一五万kWがフランス、二四％の一・六七万kWが日本、九％の〇・六三万kWがその他の国の合計であった。世界の太陽光電池の容量を、フランスの原子力発電一基当たりの電気容量九〇万kW、一三〇万kW、一四五万kWの電気出力と比較してほしい。アメリカは、最も大きな太陽光による電力発電施設を持っており、その出力合計は三〇万kWである。すなわち、太陽光が最も強い時に、その出力合計は原発一基の三分の一に達する。この型の太陽電池の電力生産は余り発展が見込めず、その原因は相当複雑な技術が使用されていることに帰せられる。他方、太陽熱による発電は、太陽からの熱を凝縮する鏡を用いることを必要とする。フランスのテミセンターは、太陽光から受ける一・一万kWの熱量に対して、二五〇〇kWの電力を生産する発電施設である。

太陽光発電の出力の大きさの例を述べよう。太陽エネルギーが大地に与えるエネルギーは、太陽光に直角な平面一平方メートル当たり、一キロワットであり、フランスの日照時間は年間一七五〇～三〇〇〇時間である。フランスの土地一平方メートルの一年間に受ける太陽エネルギーは、フランスの緯度をも取り入れて、一一〇〇～一九〇〇kW時、この平均値は、一五〇〇kW時となる。光電子素子板の電気変換効率を二〇％として、太陽光発電の発電エネルギーは一年間に付き、三〇〇kW時／平方メートルとなる。他方、フランスの原発は、一九九五年、三三五八六億kW時であったので、これに相当するエネルギーを太陽光発電により得るためには、一二〇〇平方キロメートルの光電子素子を並べる必要があることになる。問題はこれだけではない。太陽光発電による電力の輸送のためには、太陽光発電による直流の低電圧の電気を、交流の中・高電圧の電気に変換する必要がある。さらに、非常に多数の太陽光発電素子をつなぎ合わせなければならないが、この接続方法も簡単ではなかろう。加えて、太陽光の強い時間帯から、太陽照射のなくなる時間帯まで、生じた電気エネルギーを貯蔵し、保管する簡便な方法を解決しなければならない。太陽光発電の動作特性を説明する時に、その発電電力が問題になるが、それが、ある場所における太陽光の最大の時の最大発電量なのか、年間の平均発電電力なのか、説明されていない場合もある。太陽光発電の電気を民生の暖房用に用いることはできない。電気に変換したりせず、直接、太陽の光を浴びれば、効率は一〇〇％である。熱を力学エネルギー、または、電気エネルギーに変換するためには、非常に高温の熱源が必要となるというのが、物理法則が教えるところである。

太陽光発電の内で、電気を作り出すために最も見込みのある方法は、光電素子を用いることであろう。しかし、その電気変換効率は低く、光電素子の性能向上を行なっても、状況はあまり期待が出来ない。太陽光発電がフランスの電気生産の相当の割合を占めることは不可能である。その使用は、実際には、孤立した場所などに限定されるであろう。南の発展途上諸国では、状況はフランスとは大いに異なっているのは明白である。日照時間が長く、電気消費量は低く、都市化が進行していない諸国では、少なくとも電力の使用場所は集中していない。小型の光電素子をたくさん集積すれば、アフリカの人々の生活の改善に役立つことができよう。このような施設は、信頼性と簡便な保守を念頭において、複雑な材料を用いた特別の動作のものではなく、使用者自身による保守管理の可能性を保障するべきである。

風力発電（デンマーク、アメリカ、フランス）

原子力発電あるいは化石燃料による熱発電を代替することが可能な更新性のエネルギーとしての役割を果たせそうなのは、風力エネルギーであろう。風力発電の動作は目覚しいものがある。その電気出力は、通常一〇〇〜三〇〇kWである。しかし、風力発電機一基と、数台の風力発電機を擁する風力発電所一基とを、混同してはならない。二七〇〇kWの風力発電所といえば、三〇〇kWの風力発電機九基を擁する施設なのだ。風力発電に関する記事において、実際の動作性能を表わすための必要なデータが明記されていることが少ない。例えば、発電容量と年間の電気エネルギー生産量を、同時に両方記載されていることが少ない。風力発電の現実の有効性に対する記載が欠けていることが多いのだ。

デンマークでは、風力発電の発展と普及が著しいことが良く指摘されている。年間の総発電量の三％が風力であり、残りの九七％は化石燃料による発電が行なわれている。一九九〇年では、設置されている風力発電の能力は四一万二〇〇〇kW（フランスの一番小型の原子力発電の電気出力の約半分に相当）、年間発電量は七・四四億kW時である。すなわち、年間効率は二〇・五%となり、この効率は、原子力発電の三・五分の一に相当する。だから、風力発電の施設容量四一万二〇〇〇kWは、原子力発電の施設容量一二万kWに対応する。フランスの小型原子力発電一基の年間発電量は六六・三億kW時である。デンマークの七・四四億kW時の年間の全風力発電は、フランスの小型原子力発電一基の出力に比べて、十分の一よりも少し大きい。

一九九五年一月一日には、デンマークの風力発電総量は五三万九〇〇〇kWに増加した。五年間に発電量は三〇%の増加があったのだが、総量においては、依然として僅かである。このような詳細について述べたのは、デンマークの努力を評価していないからではない。しかし、エコロジストたちの思いつきは、いろいろの種類のエネルギー量の大きさについて、突飛であり、現実的ではないようだ。デンマークに例を取った風力発電施設が相当増加したとしても、フランスの電気総消費の相当の部分を置換するものとはならない。

アメリカは風力エネルギーを使用した最初の国であるが、一九九〇年には、一五五・七万kWの発電能力を持っており、これによって、一年間で二五億kW時（年間効率一八%）の電力を生産した。この生産量に相当する原子力発電の出力は、四〇万kWであり、これは、フランスの小型、九〇万kWの原子力発電の出力に比べて、その半分弱に相当する。一九九五年一月一日には、アメリカの風力発電の発電能力は、一七一・七万kWとなり、一九九〇年に対して一〇%の増加である。アメリカにおける原子力発電の停滞は、風力エネルギーが発達したからではないことが明瞭である。風力発電を行なうには、広い場所が必要であり、一台の施設の横幅は、二〇~四〇メートルを要し、隣の施設を余り接近させて設置することは出来ない。カリフォルニアの砂漠は、この施設の設置に適していよう。北海の沿岸に沿って、マンシュと大西洋の沿岸に沿って、二四〇メートルごとに設置された風力発電所のあるフランスのソンポールの谷とは比較にはならない。

一九九〇年には、フランスに設置された風力発電の出力は二〇〇kWであり、年間発電量は四〇万kW時に過ぎず、その年間効率は二三%であった。一九九五年には、風力発電出力は四〇〇〇kWとなった。最近、ダンケルクで稼動し始めた風力発電所によって、電気出力は二七〇〇kWの増加となった。他方、一九九五年十二月の時点において、五四基の加圧水型のフランスの原子力発電による電気出力は五七一四万kW、稼働率は七二%であり、これを風力発電で置き換えるならば、風力発電の効率二三%を勘定に入れて、約一億八〇〇〇万kWの風力発電、すなわち、三〇〇kW電気出力の風力発電が六〇万台必要となる。隣り合う風力発電施設は、二〇〇メートル以上隔たっている必要があるので、その風力発電施設の長さは、一二万キロメートルを要することになる。電力輸出を中止し、原子力発電所電力に伴う電力自己消費を差し引き、風力電力の稼働能力を増加させたとしても、原子力発電を置換するには程遠い。

訳注）フランスの原子力発電による電力を風力発電によってまかなうためには、風力発電を一二万キロメートル、即ち、地球三周の長さの海外線に並べる必要があるという計算になるが、これはまったく非現実的なことである。風力発電施設を海岸に対して直角の方向にも、二次元的に並べることも試みられているが、そのためには、広い土地面積が必要とされることになる。

太陽光発電と同様に、風力発電は孤立した場所に居住している住民など、特別の状況では有用である。発展途上国にとっても興味があろう。そのためには高性能ではあるが、壊れやすい先進技術を用いることよりも、強固で、信頼性が大きく、修繕が容易であることが重要となろう。

第三版の出版に際しての補足（風力発電）

二〇〇五年の風力発電計画は、フランスに五〇万kWの風力発電施設を設置することを目標としている。建設業と装置製造業（フラマトムの一〇〇％出資の元に、風力発電ローターを製作するジョーモン産業など）、企業家、ＥＤＦ、研究機関（ＯＮＥＲＡ、ＣＥＡなど）、技術研究機関などが、風力発電に殺到した。石油会社（シェル、トータルフィナ、エルフ等々）も、海底油田の掘削と海底基地の技術を持っているので、ここに参入した。短期間で、相当の儲けができることを、企業家は見誤らない。風力発電により、フランスでも、他のヨーロッパ諸国でも、海底油田基地が、現在、賑わっている。過去にも、巨大プロジェクトが誕生した。フランスでは、スーパーフェニックス、ポンピドゥー病院、パリの大図書館、シャルル・ド・ゴール空港などが実現した。海岸線のすぐ近くに海底油田基地を作り、その背後の電力需要についての配慮が不十分なフランスの計画は、真面目なものなのか、疑う必要があろう（ダンケルクの自治港の海底油田基地計画では、背後に工業地域があり、海岸線から五キロメートル隔たって風力発電所があり、この計画は、よく配慮された例である）。しかしドイツで予定されているヘリゴランド島の東方の海底油田基地建設には、疑問を禁じえない。

ドイツが行なっている風力発電への投資は巨大である。ローター製造の企業は、輸出にも進出している。ドイツは風力発電において、ヨーロッパ諸国の先頭に立ち、そのモデルとなっている。

ドイツの電力総生産に関する更新性エネルギーの寄与は、どの程度であろうか？　ドイツ・エネルギー省のデータを参照しよう。二〇〇〇年における風力発電の施設出力は、六〇〇万kWを越しており、やがて一〇〇〇万kWに達するであろうとされている。風力による電力生産は、一九九一年と二〇〇〇年では、一億kW時から九二億kW時へと、実に、九〇倍に達した。これは、相当の増加であることは確かである。しかし、電力総生産は、二〇〇〇年において五六五〇億kW時である（輸出電力と輸入電力は、ほぼ等しい）。だから、風力発電による電力は、そのうちの一・六％にしかならない。ドイツの風力発電の増加の目的は、環境省の総括（緑の党の大臣、ユルゲン・トリッティンの序文付である）に明白に記述されているように、炭酸ガス放出を減らすためであるとされている（ドイツの環境についての三年毎のレポート、二〇〇一年三月の基本路線）。

二〇〇〇年時点で、ドイツの資源別の電力生産の内訳は、原子力三〇・一％、石炭二五・四％、亜炭二五・九％、ガス八・五％、重油〇・五％、水力四・三％、更新性エネルギー三・三％（その内、風力一・六％）である。原子力と化石燃料により生産された電力は、電力総生産の九〇％近くに達しているのだ。

フランスは、風力発電と太陽発電の発展を嫌っているが、これは、原子力発電を保護するためであると言われている。ヨーロッパの多くの国は、原子力発電から脱出する兆候として、更新性エネルギー（主として風力による）を発展させる計画を強調するが、ドイツの風力発電による電力供給の割合も僅かなものでしかない。ヨーロッパの他の諸国の二〇〇〇年のデータはない（産業省は、一九九七年のデータを、数値ではなく、グラフ表示を用いて、二〇〇一年八月に発表しているだけである）。

表3（一九ページ）を再度見ていただきたい。この表は、一九九六年の、ヨーロッパ諸国の電力施設に供給される六種のエネルギー源、すなわち原子力、水力、石炭、重油、ガス、および、更新性エネルギーによる生産電力の割合（%）をまとめている。原子力、石炭、および、重油による合計した電力の割合は、スウェーデン（水力発電が大きい）、オランダ（ガス発電が大きい）とイタリアを除いた他の国では、ほぼ、近い値となる点に注意をしたい（七二%から八五%である）。デンマークとフランスでは、この合計値が、最大値に達している。しかし、デンマークは原子力発電がなく、反対に、フランスは多くの原子力発電があるので、石炭と重油による発電は僅かである。電力生産は、原子力、あるいは化石燃料が主体をなし、両者の合計の割合は、各国を通じて、ほぼ一定となっていることが、この表から読み取れる。デンマークは、更新性エネルギーの開発の先頭を行く国であるが、電力生産のためには石炭を最大に用いている国でもある。もし、一九七四年、フランスで反原発運動が成功して、原子力発電の発展を阻止できていたならば、フランスもデンマークと同様、電力生産のために、石炭を大量消費する国になっていたであろう。しかしながら、反原発運動は、石

炭と重油によって原子力発電からの脱出を試みるシナリオに対して、一貫して反対してきた。石炭と重油による既存の施設を最大限に使って、原子力発電の七〇％を中止しようという著者の主張には、彼らは目をそらすに違いない。

電力生産に石炭を用いることに、何をおいても断固として反対するエコロジストたちは、一九七四年に反原発運動が失敗に帰して、多数の原発が設置され、フランスが石炭化することを避けることが出来たことを、大いに喜んだということになる。

潮力発電と木材燃焼発電

潮力発電のエネルギーや、満干潮のエネルギーは、数年来、大いに興味ある代替エネルギーの技術であると見なされていたが、その興味は失せている。ランスに一九六六年、設置された施設の出力は、二四万kWで、動作効率は二六％である。この施設の動作には、複雑な技術問題がつきものである。この施設は、一九九五年以来、十年をかけて改造中であり、フランスでこれ以外の計画はない。その電気出力は、フランスの電力消費に対して、ごく小さいものでしかない。ブルターニュ地方の電力消費の三・五％を生産するものであるとされているが、もちろん、順調な動作時においてのことである。

木材の燃焼エネルギーは、原発を代替するものとされることがあるが、フランスにおける強度の都市化の進行する状況に対して、これは余りにも田園的なものである。ランドの木材センターの木材の燃焼熱は、九〇〇〇kWであり、この施設からの電力は、三〇〇〇kWである。これは、フランスの最も小型の原子力発電の三〇〇分の一でしかない。

木材の燃焼によって得られるエネルギーは、樹木の多い田園地方では、暖房のために重要であるが、都会の暖房や、原発の電力を代替するものではない。

太陽光、風力、木材からのエネルギーは、将来どのような発展を遂げようと、原発によるエネルギーを代替するものではなく、いかなる手段を用いて集中的に科学研究を行なってコストの削減を図っても、その結論は同じである。消費エネルギー密度に比べて、生産エネルギー密度が小さすぎるのだ。

エネルギー経済は、極言すれば、原子力発電により頭打ちになるのであろうか？　エネルギー経済という言葉は余り用いられず、「エネルギー支配」という表現が好まれるようだ。例えば、エネルギーの支配はまだ十分なされていないとか、EDFは、われわれが消費する電力を十分には支配していない、あるいは、手の内にしていないとか、表現されている。ある言葉を別の表現で置き換えるには、それ相応の理由があるのだ。「エネルギー支配」という表現は、一九八一年、社会党政権が権力の座について、AFME（エネルギー支配のためのフランス事務所）が作られて以来、頻繁に登場することになったのだ。社会党は、選挙戦を目的に、反原子力発電のエコロジストたちと妥協して、エネルギー支配という掛け声の下に、フランスで原子力発電を推進することになった。エネルギー支配という欺瞞的な表現を放棄して、エネルギー経済という言葉を用いる必要があり、そのことが、エネルギー消費とエネルギー生産について考察するための基礎となるのだ。

エネルギー消費の節約

エコロジストたちの議論においては、エネルギー経済とは、エネルギーの節約とは、エネルギー浪費に反対する立場のことである。『プチ・ロベール辞典』においては、「浪費」とは「無駄な消費」と説明されている。クリスマスを前に、消費を増やそうとして商店街を照明するのは、浪費なのであろうか？　アルミニウム精製のためには大量の電力を必要とするが、アルミニウムの消費を増加させることは、電力の浪費なのであろうか？　その他、電力の浪費とも見える例は多い。しかし、産業社会においては、そのような消費は必要であり、目的を持っているのだ。社会の経済支配のためでなければ、浪費することは、悪ではない。浪費しなければ、社会組織は悲惨な生態系になってしまうであろう。人間の社会は、社会関係を創るために、浪費することをも必要とするのだ。しかし、我々の現実の「浪費」は、社会関係を構築するのではなく、経済関係しか作らないのだ。我々の社会を経済的な生産性だけに向けるのではなく、豊かな共生のための創造活動のための、社会浪費へと早急に向かわせる必要がある。

エネルギー経済は、電力生産の総体の中で、電気エネルギー経済に関すること以外には関与していない。田舎で、重油あるいはプロパン暖房を、木材燃焼の暖房に切り替えても、電力消費に与える影響は小さい。

都市や高速道路の交通による汚染を減少させるために推奨されている解決法——都市の電気自動車化、バスを電車で代替すること、道路交通を電気鉄道で代替すること——は電力消費を増加させ、EDFの歓迎するところであり、EDFは、シューズB1号，B2号、シヴォー1号，2号、および、新型の加圧水型の原発を設置する計画を立て、フランスの電力消費の増加を画策し、エコロジストたちの主張に沿って、原発の常軌を逸した開発を正当化しようとしている。

電気エネルギー消費を減少させようとする試みが、閉塞した原発からの脱出を助けるものであることは、争う余地がない。しかし、家庭用の電力消費について、住民たちが決定的な役割を持っていると主張することは出来ない。家庭用の照明、暖房、洗濯、その他の電気機器に変更し、電力消費を節約することを要求して、他方で、ある種の産業部門の巨大な電力消費を放置することはできない。住民たちに、原子力の最終的な責任と結果とを負わせることはできない。住民たちが生活態度を自発的に変え、消費を減らすことによって、ＥＤＦに原子力発電を断念させるように追い詰めることを求めるのは、ＥＤＦ、政策決定者、政治家達を無罪放免し、かつ、住民の無責任の行動に罪を帰すことになるからである。

電力消費の大きい電気暖房

電気暖房は、小額の投資によって快適な居住性を可能とするものであり、居住の断熱を改良するための出費や、ガス暖房とセントラルヒーティングの輻射体の設置のための高額の出費が出来ない人にとって、非常に有用である。公共の電気施設についての政府の政策次第で、相当の電気エネルギーの節約が可能となるであろう。例えば、照明用のランプを省電力のものに代えるように一人一人に要求するよりも、公共用の照明には、省電力のランプしか使わないように政府に要求する方が、より有効であろう。公共用の照明は、一九九四年に、四四・七億kW時を消費している。省電力ランプを用いると、この電力の八〇％の節約が可能であり、これは一基の原子力発電の電力生産の半分の節約となる。同様に、公共の建物の電気暖房の使用には根拠がなく、認めることができない。

電気エネルギーの節約は、電気暖房を減少させることがその焦点になるが、そのためには、政府がＥＤＦを介して促進してきた電気暖房を廃止するために、補助金を交付する政策を政治的なレベルで行なう必要があろう。我々を支配する政府は、これに類似した政策によって、自動車の生産を支援する政策を講じたのだから、財源を豊富に持ち合わせていない家庭が暖房施設を変更するために、同様の支援を行なうことは、もちろん可能である。

電気暖房が国内の電力消費の三〇％に達していることを考えると、電気暖房を急激に減らすことは、フランスの原子力発電を全面的に放棄するための、一つの鍵となるものである。政府の行為のみが、この問題の解決をもたらすことができる。政府にそのことを迫らなければならないのだ。しかし、どの政治勢力も、この問題を意識していない。そのようにさせるのは、住民である。国内の電力消費の減少は、原子力からの脱出というシナリオを助けるものなのだ。電力消費のより少ない家電器具も存在している。しかし、国内の電力消費の減少が、原子力からの脱出を決めるのではない。権力が、原子力の放棄という政策を容認する前提に立つ時に始めて、国内の電力消費の減少が、相当な力を発揮しうるものとなり得るのだ。もし、エネルギー節約が、公に、電力生産者の公共サービスの一部をなすと考えることができるならば、その時には、電力エネルギーの節約は、電力生産と完全に対等のものとみなすことができるのだ。

コジェネラシオンは、電力生産のための熱の一部、または、発電施設からの廃熱を、別の目的に使おうとするものである。多くの施設では、化石燃料、すなわち、重油、ガス、石炭が使われている。ドイツの施設では、家庭ごみから回収されたメタンも利用されている。更新性エネルギー（太陽エネルギー、風力）は、コジェネラシオンはありえない。コジェネラシオンの果たす役割を取り入れるために、従来の熱の単位を早急に変えることもありえよう。

一方で、産業用あるいは一般家庭用の熱量を供するためには、熱施設が都市、あるいは、産業センターにすぐ隣接していると好都合なのであるが、ＥＤＦの熱電施設の多くは、実際には、都市や産業センターから離れている。したがって、化石燃料による熱施設を、新設する必要が生じよう。コジェネラシオンの発電・熱の小施設が、住宅の集団暖房、病院の暖房に有用であろう。コジェネラシオンを用いることは、人口密度の高い地区では特に有利となる。フランスの都市では、都市暖房の施設はなく、新設されなければならない（ＣＥＡの「テルモ」計画が、熱出力五万kWの小型の原子力発電を都市の暖房に利用しようとしていたが、一九七八〜八〇年に挫折した。これは、そのための適当な都市が存在していなかったことに一因があったのを思い出そう）。最後に、コジェネラシオンは全体的なエネルギー収支の改善には役立ち、ガス、重油、石炭により供給される家庭用、産業用の暖房についてのエネルギー総括を改善し得るものではあるが、電力に関する収支には直接には関係していないことを述べておこう。

化石燃料は、未来の世代のために保護する必要があろうか？　この疑問は、道理にかなったものである。更新不可能な化石燃料を使用すれば、その使用量がどんなものであっても、この化石燃料は、いつか枯渇するのだ。石炭の使用を半分にしても、その枯渇の期日が延びるだけなのだ。我々の世代から近い将来の世代のみに特権を与えるのでなければ、化石エネルギーをずっと先の世代に残すただ一つの方法は、現在、その使用を中止することである。

化石燃料が枯渇してしまった将来と、このエネルギーを使用する勇気を失っている将来とは、化石燃料を用いない点では同じである。だから、社会的に課せられた問題は、長期間、非常に長期間にわたって、エネルギー生産と消費が平衡しているような生活様式を探すことなのだ。孫の世代のために、何リットルかの石油と何トンかの石炭を節約し、孫の孫達のことは忘れるというようなスケールの問題ではないのだ。短期間の内に、この問題を人類に対し、広く問いかける必要があるのは明白である。しかし、いずれにしても、原子力エネルギーからの早急な脱出が必要であることには、変わりがない。

第10章

原子力エネルギーと政治課題

将来の原子力エネルギー戦略は、原子力の支配層の内部で、異口同音に、最終的に決定されているわけではない。電力生産の未来についてのＥＤＦ（フランス電力公社）の内部文書や公表された文書から、そのことが読み取れる。

しかし、メディアの宣伝では、原発推進派の発言が活発である。電気の将来は、石油に依存しなければならないことを、彼らがどうして認めることができようか？　もしもそのことを認めれば、一九七四年以来のＥＤＦのエネルギー政策のすべてを否定することになるからである。ＥＤＦ内部の意見の違いの中で、未来のエネルギー政策を決定するに当たっての電力関係者の困難は、原発を批判し、原発から脱出する方法を探すことにはほとんど影響を与えていないということは、非常に奇妙に思われる。

人々は、原発に対して不安を抱いている。ＥＤＦが行なった世論調査でも、そのことは明白に現われている。そして、人々が不安を抱いていることに、ＥＤＦも不安を抱いている。それは、あらゆるメディアでのＥＤＦによる宣伝キャンペーンや、いろいろのメディアの中継（医者、聖職者、教師など）の努力に現れている。麻酔効果を持つ宣伝がメディアで繰り返されているにもかかわらず、人々が不安を抱いていることは、どのように説明すればよいのだろうか？　反原発のグループはフランスでは弱く、大きな影響力を持っていないのにである。原子力についての人々の不安は、まったく根拠のないものであると一般にはみなされている。

なぜそうなのかを科学的な方法ではっきりさせることができないのも、確かである。しかし、この人々の態度が、非合理的で、根拠のないものだとは必ずしも言えない。メディアを使って膨大な宣伝を重ね、不安を持つ人々を中傷し、「もし、あなたが原子力発電に不安を持っているならば、あなたは知識のない愚か者である」と繰り返している。人々をこのように非難することは、直ちに止める必要がある。人々の不安は完全に理にかなったものなのだ。原子力の輝かしい専門家達が、原子力事故の可能性を否定し、また、事故が起きても、たいした結果を引き起こすことはないなどと主張する時、この専門家たちこそが非合理的であることを証明することは簡単である。彼らの断言は、単にポケットマネーを稼ぐためのものなのか、彼らの根拠のない想像の結果なのだ。我々は、人々の不安を引き受けて、その理由を明らかにする必要がある。このことを放置すると、原発が政治的な地位を得ようとしている者の討論の中に取り込まれて、反民主主義の、独裁と侵略に進むファシストとは言わないにしても、数年来、フランスの脅威となってきた、民衆の人気を煽っている価値観の倒錯者を(訳注)支持するために、利用されてしまう危険もあるのだ。

訳注）極右のル・ペンのこと。彼は選挙ごとにかなりの得票数を得ている。

人々のこのような不安に対して、反原発論者の態度はどうなのであろうか？　電力網は、フランス全土で完全に接続されている。ヨーロッパ全土も、ほぼ接続されている。しかしながら、反原発運動は、原子力発電の立地場所の近辺、あるいは、放射性廃棄物の貯蔵が予定されている場所の近辺のみに限られている。ある一つの原子力施設の中止は、国家的な原発政策の部分変更の枠組みの中で、検討されるに過ぎない。反原発運動の団体には、「ストップ・ノージャン原発」などの名前が付けられているのだ。もっと原発全体が問題とされなければならない。ゴルフェック、ノージャン、シヴォー、フェッセンハイムなどの原子力発電所を中止するためには、全市民が問題を意識し、自分に直面している問題であると感じる必要がある。原子力発電の中止は国家の政治問題なのだ。

NIMBYの反原発運動

二十五年にわたってゆっくりとした原発脱出の道を取ることは、選挙時の同盟として、表面的には反原発者と親原発者との手を結ばせるものであるが、その目的は選挙に当選することであり、反原発の戦略なのではない。ペルラン教授に対するプロゴフで起こった反対運動や、もっと最近では、ブルターニュ地方のベルネのウラン採掘の反対運動などは、反対運動と見なされているにもかかわらず、自分の場所近くでの原子力施設に対する反対、「私の裏庭では嫌だ」、英語では、not in my backyard（NIMBY）に過ぎないのだ。しばしば大変暴力的なこれらの闘争は、ひとたび、その地での勝利を勝ち取った後に、跡形もなく消え、フランス全体を原発化しようとする政策に対する反対意思を持つものではなかった。心配は、おそらく過ぎ去った闘いの記憶についてであろう。このようなことでは、大いに問題である。この闘争の根拠は何だったのか？　少しだけ遠くに建設されれば、原子力施設の危険性については、それらの地域にとってはもう関心が持たれないのだ。ペルラン教授による放射性廃棄物の埋設地選定に激しく反対した住民達は、カルネの放射性廃棄物の埋設予定施設が、彼らの住居から数十キロメートルばかり隔たることになったので、それ以上自分たちには関係ないと思うのだろうか？「放射性廃棄物の埋設」に反対する現在の運動は、原子力発電の運転の続行から生じる多量の廃棄物の生産に対しては、今のところ、関心を向けていない。原子力発電に反対する動機が多量の廃棄物の生産に由来していないのならば、それは「私の裏庭では嫌だ」に過ぎないのだ。チェルノブイリ事故が示したように、事故を起こした原子力発電所から数百キロメートルも離れた地点をひどく汚染しているのだから、原子力施設の立地場所が少し遠くに行っても、将来の放射能汚染が広範囲に及ぶことは同じであろう。しかし、このような意識の仕方は、危険の度合いの現実の尺度を考慮して初めて生じるのである。放射性廃棄物の蓄積の問題を除外するならば、原子力発電の最大の危険は原子力発電の重大事故の危険である。重大事故の危険は、東欧に限らず、フランスの原子力発電にも、存在していることは、すでに見てきた通りである。重大事故の危険に比べれば、この大きな施設を建設することによる環境への（近未来における）影響、河川の温度上昇、水中や空中への放射性元素の定常放出は問題とならない。問題は、重大事故とその国家的、実に国際的な衝撃である。だからこそ反原発の世論をまとめて、政治問題の中心になって欲しいのだ。原子力ロビーでは、このことを懸念しており、だからこそ、チェルノブイリ事故の与えた健康上の、社会的な、経済的な影響を、出来るだけ小さく評価しようとしているのだ。

左翼から右翼までの政党全体が親原発であり、急進的な反原発のすべての立場は、政治的には孤立した状態である。しかし、この孤立は必ずしも不利ではない。人々の原子力発電に対する不安（世論調査で明らかになっている）を忘れてはならないのだ。政治的討論では、左翼も右翼も含めて、このことを勘定に入れていない。政党の伝統的な当選条件か、人々の不安か、どちらを重視するか？　フランスにおける反原発は初めから、反原発運動の自立の問題が問われていたことを思い出す。ある者は、反原発が、左翼組織のＣＦＤＴ（フランス民主労働同盟）や共産党の周辺に位置する者を結集する力になることを期待した。ある者は、政治の動きから独立していることを明らかにするということが重要な問題だと考えた。緑の党と親原発左翼の同盟戦略は、新しい出来事ではない。同じ問題は、一九七九〜一九八〇年にもあった。

原子力発電の行き詰まりからの延期された脱出は、原発の危険をごまかすことを可能とした。何故ならば、「反原発」と「親原発」は、原発の危険に対して、すぐに行動を取らない点で一致を見たからである。延期された原発脱出のシナリオは、行動をおこさないという戦略で合意に達し、エコロジストの運動に反原発の素振りを与えたが、同時に、親原発に接近させたのである。異なった感じ方に訴えようとして、いろいろの議論があった。寿命が来る前に原発を休止させることによる投資額の損失を生じないための条件を引き合いに出したり、石炭を悪者にしたり、原発の中止の前に、太陽光発電と風力発電を発展させることを、要求したりした。基本的な問題はごまかされたままなのだ。かくして、原子力発電は、非常に危険であり、重大事故は行政の専門家によっても予期されており、きわめて多数の人々に大きな影響を及ぼすものであるにもかかわらず、人々はそのことを考えていないという結果になる。

代替エネルギーの出力は小さい

反原発に関する議論において、何を代替エネルギーにしようとするかが、最も重要である。現在の我々の生活状態を、そのまま、太陽エネルギーや風力エネルギーで支えることができれば、非常に好都合である。生活は便利で、危険がなく、廃棄物がなく、環境の破壊もないのだ。残念なことに、現実はそんな具合にはならない。更新性エネルギーは、無限時間にわたって安全エネルギーを唯一つ、保障するものではあるが、しかし、現在の生活様式を保障するものではないのだ。更新性エネルギーが、現在の生活を支えるエネルギーの代わりになると考えるのは、詐欺的である。

エネルギー消費の長期間にわたる存続と、他方では、飛び抜けた大量のエネルギー消費を必要とする我々の生活様式の大きなアンバランスの問題は、依然として変わらない。この問題は既に明らかになっているし、ますます明らかにされるであろうが、このことが一転して、原発を持続するための解決策、アリバイ理由とされてはならない。何故ならば、原子力発電の危険性はあまりにも大きいのだ。原子力発電の廃絶へと進む以外に道はない。原発からの脱出が遅れるだけ、事故の危険が増加する。事故が起これば、その結果として、将来の選択はなくなってしまうのだ。

更新性エネルギーの容量が、われわれの総電力消費に比べて非常に小さいことはすでに述べた。更新性エネルギーは、それに適合するすべての状況において利用することができるし、そうするべきである。居住が分散した田舎では、その使用は適切ではあるが、その総量を合計しても、それは取るに足りないものであろう。都会生活は非難されても、これを代替する生活様式は存在しないのだ。集中化しない、都市化していない生活は、現在の人口を考えるときに可能であろうか？　フランスでは、人口の七五％は都会、あるいは、その近郊に居住しており、田園生活が存続できるのは、都市化のお陰であるということもできよう。都市が消失すれば、保存されるべき田園地帯の存続も致命的な影響を受けよう。問題はあまりにも複雑なのだ。よく調査され、研究されねばならない。しかし、原発の重大事故は、どのような調査を行なってもマイナスとなるだけである。それは、社会の閉鎖と硬直だ。

更新性の代替エネルギーについて考えることは、進歩を信じる科学者の夢想である。科学者に何がしかの予算を配分すれば、核の危険がなく、現在の生活様式を保障する電力生産手段を見つけ出すであろう。人類の智に機会を与えさえすれば、すべての問題はこの智により解決されよう。もう一方で、充分な予算を与えれば、自然科学者たちが核廃棄物を消滅させる有効な手段を発見することもできるだろう。この二つの夢が実現されたら、奇妙な結果が到来することになる。更新性の代替エネルギーのお陰で、原子力の存在理由はなくなってしまうが、同時に、核廃棄物は消滅させることが可能となり、原発の障害もなくなってしまうだろう。更新性のエネルギーについてのこの科学的ユートピアは、広島以来の原子力産業の発展の基礎を築いたユートピアとほとんど変わりがない。このようなユートピアは、エネルギー選択がもたらす社会変化についての反省を止めてしまうが故に、大変危険なものである。このような夢からの脱却は、ますます緊急性を増している……

原子力脱出のプログラム

民主主義の原則が完全に機能していなければ、原子力からの脱出は実現されないであろう。そして何よりも、市民が原発からの脱出を深く望んでいることが必要である。個人的な篤志家の願望と行為では駄目であり、集団の政治的行為が必要なのだ。以下のことに対して、真実の情報が絶対に必要となろう。▽原発の大事故の管理計画について、▽核施設の安全対策の実情について、▽核廃棄物について、▽使用済み燃料の再処理だけではなく、フランスの原発について外国と交わしたいくつかに及ぶ経済上の契約状況について、▽従来の熱発電施設の不適当な廃棄を進めようとするEDFの政策について、▽化石燃料（石炭、ガス、重油）による新しい発電施設のEDF／GDFによる建設の可能性について、等である。

原発の稼動を中止し、その施設の取り壊すのは困難な作業を伴うものである。この取り壊しは、核廃棄物を大量に生ずる（原発の取り壊しによって生じる核廃棄物は、その施設が稼動していた期間を通して産出した核廃棄物と同程度の分量になると、公式に見積られている）。この核廃棄物を貯蔵することを避けて、できるだけ大量の核廃棄物を環境に廃棄することは、経済的には魅力があり、得策なのだ。逸脱した行為を避けるためには、この取り壊しの監視は、きわめて厳格である必要がある。

このための研究計画をスタートさせ、技術者は、労働者と住民の保護を優先して対処するべきである。このような研究計画は、技術者が通常扱っている、経済のことだけに重点を置く研究計画と比較して、ずっと報いの大きなものとなろう。存在している核廃棄物に加えて、原発の中止は、次世代を巻き添えにするものである。技術官僚や、政治家など、現実の管理責任者は、人々をごまかし、この問題を単純化して提示している。人々が住居の近くに廃棄物を埋設することを受け入れるか、あるいは、この廃棄物を完全に消滅させる可能性があるのだとして、これをおとりに、居住地のごく近傍の埋設だけに反対するように仕向けている。取り返しのつかない埋設の決定がなされる前に、核廃棄物の管理に関する資料を一般に公開して、十分に討論する必要がある。原発の中止は、原発を稼動したことによってできてしまった核廃棄物を消滅させることはできなくても、新しい核廃棄物の生産を止める直接的な効果を持つのだ。

民主主義への願望をつなぐ

社会を非可逆的に原子力化させることは、経済的にはある種の不都合を伴うものではあるが、社会を固定させるためには一番の効果を持つ方法であると、ある専門家は考えている。人間の社会は、誤りを犯すことを認めなければ、生きることができないものである。しかし、原子力社会は、重大事故の及ぼす結果の重大な影響を考えるときに、誤りを犯す可能性を認めることはできない。原子力の社会は、誤りを犯すことを認めるわけには行かないので、権力によって、個人の自由を拘束し執行することを前提としなければ、事故の結果を管理することが出来ないのだ。

硬直した原子力化した社会の管理の中でも、民主主義的なきまりに従って対策を決定することは、現在もまだ部分的には可能である。市民全体が原子力の危機管理の必要性を自覚すると、そうしたきまりさえもが障害となり、権威的な体制の利益のために廃止されることになる可能性がある。われわれの健康と、われわれの子孫の健康を守るために、また、社会の将来の進展のために、現在なお機能し、その役割を持っている民主主義が存続し得るためには、原子力社会からの脱出が絶対の必要条件となる。

第11章

その他の問題とまとめ

われわれがこの文章を一九九七年に書き始めたのは、原子力産業が近代社会にとって欠くことの出来ないものではないことを示すためであった。

「原子力か？　ろうそくか？」というスローガンの下に、エネルギー選択をこの二つに限定するのは詐欺行為である。しかし、このスローガンは、原子力産業に携わる人々の苦悩に答えるために、大きな波紋も巻き起こすことなく、繰り広げられたのであった。他方、反原発を主張する人々は、「すべてを原子力に」というフランスの選択にただ反対を唱えたが、大きな力を発揮することはなかった。「すべてを原子力に」という社会に漬かっていて、何をすることができようか？　反原子力を意図するつもりのスローガンは、結局のところ、親原子力のスローガンに変身してしまうのだった。

しかし、フランスではすべてが原子力化の状態にあるわけではない。原発は電気しか生産しないのに、交通や、家庭および産業からの需要は、電気以外のエネルギー源を必要としており、すべてを原子力化するわけにはゆかないのだ。化石燃料（石油、天然ガス、石炭）が、一九九六年のフランスで消費される一次エネルギーの六〇％を超えており、原子力エネルギー消費は、原子力産業のための自己消費をも含めて、三〇・八％にしか過ぎない。これに加えて、フランスの原子力化を総括するに当たって、水力発電と旧式の熱発電（基本的には、石炭と石油を使用している）の電気生産の潜在能力を無視していること、原子力発電の大きな超過設備容量を正当化するために、ＥＤＦは現存する旧式の熱発電施設を僅かしか稼動させていないことを、勘定に入れなければならないのではなかろうか？

他方では、ＥＤＦの発表するデータから、一九九六年十二月三十一日における決算として、フランスにおける原発による供給可能の最大電力容量六〇〇〇万kWと、原発以外の施設（水力発電、重油、及び、石炭）による供給可能の最大電力容量五一三五万kWとが、かなり近い値であることが、明らかにされている。電力生産の容量からすると、「原子力か？　ろうそくか？」というスローガンは、当を得たものとは、到底、言えないことが明らかである。「原子力か？　化石燃料か？」と問うべきなのである。だから、我々は原子力に全面的に依存せざるを得ず、重大事故が生じた時に、我々がその結果を引き受けざるを得ない情勢に閉じ込められているわけではないのだ。原子力化することは、物理法則ではなく、運命でもなく、政治経済と科学者の幻想が結びついた結果なのである。この本の目的は、具体的な現実のデータから出発して、変革は可能であり、原子力化からの脱出は短期間に行なうことができることを明らかにすることであった。しかし、これが遅れるに従って、その可能性は小さくなる。何故ならば、原子力の技術官僚は、原発とその関連施設の容量を非可逆的に増加させ、電気エネルギー以外のエネルギーを解体し、消滅させせようと、ＥＤＦに働きかけているからである。

ある点については、もう少し書き進める必要があろう。我々の分析では、人々の受ける不安と苦悩の問題について述べた。人々の不安の解消は、大事故の管理のための特に重要な課題なのであるから、このことについて書き加えることは重要であろう。人々は原子力という「奇跡のような」新しいエネルギーに不安を抱いている。テクノクラート系の管理者たちは、人々のこの不安を見抜いている。社会学、心理学、あるいは、他の分野の多くの研究が、ＥＤＦ及びＣＥＡにより、財政援助を受けている。研究者たちは、これを天からの授かり物であると意識して、喜んでいる。その結果、いつの間にか、原子力の危険、および、事故の影響を研究することの代わりに、人々がこの危険をどのように受け止めるかを研究対象とすることへと、研究の焦点を入れ替えてしまうのだ。こうして原子力の管理者は、原子力事故の危険を、不安と恐怖から生じる「心理学上のリスク」と呼ばれるものに置き換えてしまう。心理学の一群の専門家は、リスクとは恐怖から発生するものであり、恐怖に打ち勝つことによって、リスクは消滅すると結論するに至る。

こうして、人々の感じている不安は「不合理性」に基づいていることになる。しかし、この不安と苦悩は、専門家が思っているような、不合理なものであろうか？　責任者も可能性を否定しないような危険性に対して人々が不安を持つのは当然ではないのか？　そして、「社会の動揺を沈静化」しようという管理者の意図をかいま見る時、人々が不安を持つことは、合理的なことではないのか？　メディアは、このような管理に対して力を貸すことができる。原子力の危険に対する管理は、メディアの支配から始まる。これは、危機の結果をしかるべく処置することに比べて、ずっと簡単で、費用を要さない。危機の結果をしかるべく処置することなど、もともとできないことなのだが。通報の専門家が情報を流して、一連の情報操作のシミュレーションが始まる。このことに対する人々の合理的に表現できない恐怖が、この恐ろしい産業に対応して生まれるのだ。恐怖は、十分な発達を遂げていない脳細胞の特徴を物語る目印ではない。原子力の大事故をはっきり認識し、理解することは、全く現実的で、言葉にならない人々の恐怖の由来を説明することでもあり、決定者の政策変更を起こさせるための最初の一歩を意識することでもある。

しかし一方では、反原発といわれる意識と、原子力災害に対する当然の恐怖の間には、重要な意識の差がある。両者の間には、無意識のままに経過した時間以上のものが横たわっている。

大災害という言葉は禁句か？　チェルノブイリ事故以前では、反原発集会で、核の大災害という言葉を使うことは、運動の評判を落とし、信用を失うものであるとして、批判された。これらの反原発主義者たちは、（一九七九年三月の）アメリカのスリーマイル島のちょっとした失敗に基づく核災害に大いに驚き、さらに、産業化された世界の大災害のシンボルとなったチェルノブイリ事故によってもっと驚いた。チェルノブイリ事故以降、大災害という言葉を用いることはタブーではなくなったが、その言葉を用いることは、今でもやや控えめの人もいる。

トラブルと事故ということばが、原子力施設における事故の重大さに従って、使い分けられている。事故の重大さは、直接的な結果としての原子力施設内部での放射性物質の放出量、人の汚染、施設外部への放射性物質の放出量の直接的な結果により評価される。

トラブルは、直接の結果を全く、あるいはほとんど持たないものであり、施設の通常作業の一部である。これに対して、事故はもっと重大であるが、常に例外的で、劇的なものなのではない。産業化社会には、当初から事故は付き物であり、社会はそのことに慣れているという者もいる。社会に対する科学技術の全面的支配を根本的、抜本的に問い直す以外に、なす術があるのであろうか?

原子力安全の専門家の報告は、「重大事故」と名付ける特別の事故を扱っている。ＩＣＲＰは「放射線についての緊急事態」という少しショックを和らげたような表現を使っていることについてはすでに述べた。このような事態は、これを明瞭、直截に述べれば、原子力大災害に他ならない。原子力安全の専門家が原子力大災害の可能性を認めるならば、原子力大災害という言葉を、どうして使わないのだろうか? 言葉の使い方は重要である。責任者が、不測の重大事故が場合によって発生する産業であることを受け合うならば、社会を故意に危険に曝す罪で、責任者を非難することが可能となり、また、そうしなければならなくなるからである。行政が彼らを免責しなければ、新しい刑法（一九九二年法、一九九四年より施行）では、告発の対象になると認められるのだ。人々の感じている恐怖は解消されねばならず、また、決定者の非合理的な「論理」は、「起こりうるものの可能性」を認めようとはしていないという事実を明らかにする必要がある。

原子力施設のトラブルについてはどう考えるのか？　反原発論者の間では、原子力施設のトラブルという言葉は、多くの場合、「事故」と呼ばれている。事故という言葉の一般化には意味があろう。あまり重大ではないトラブルを事故と命名する場合は、そこには本当の事故の可能性と現実性が隠されているのを見抜いているのだ。また、一見パラドックスのように見えるのだが、次の疑問を強調したい。あまり重要な結果を生じなければ、トラブルは心配には及ばないのだろうか、という疑問である。そうではないのだ。

事実、産業の大災害の歴史を注意深く調べれば、それが突然に過去に何の前触れもなく、偶然に起こったのではないことが判明しよう。大災害の前には、何の影響も残さなかったので、無視された小さなトラブルがいつも続いており、これこそが、予期しない状況を、ある条件の下で、大災害に変えるような動作不良の前兆であったのだ。トラブルは、大事故の可能性を持つ前兆としての出来事だと考える必要がある。

したがって、直接の結果が重要なのではない。その結果の兆候である異常な動作が重要なのだ。核管理者によってメディアの発表用にトラブルや事故の程度を分類する、例の重大性の等級は、あたかも安全性の本来のレベルを表わすかのようであるが、ほとんど意味をなさないし、罠として機能する。

原子力産業の受容性に関連して、また、原子力産業の脅威を終わらせる緊急性に関する原子力問題の決定的な要素は、大災害の可能性であると、われわれは考える。原子力の重大事故の結果を、経済学者の「単なる考察」の枠内で考えることは、不可能である。管理者は、チェルノブイリから大いに学び、人々の保護のために必要とされる健康・社会上の配慮を完全に無視して、経済的な影響の枠内に留めるために、事故後の状況の管理条件（疎開、食料の汚染基準などなど）を実施することを試みている。

奇妙なことに、管理専門家（管理医学の専門家も含む）の熱心な関心事は、彼らの出版物が機密でも秘密扱いにされたわけでもなかったのに、広い反響を呼ばなかったことである。このような問題を心配するのは、あるものにとって、偏執狂的であると映ったのだ。

経済問題として原子力発電からの脱出を考えることは、原子力事故の可能性を切り落とした時に残っている問題である。原子力発電をかなりの投資金額を取り戻すまで稼動し続けよう。そしてゆっくり、少しずつ原子力から脱出し、なるべく費用をかけないようにしたい。風力発電と太陽電池板をたくさん設置しよう。そうして、現在と同じような生活を、汚染がなく、費用もかけずに続けたいと言うのだ。しかし、原子力大災害の可能性をわれわれの関心事として認めるならば、目の前の光景はまったく変貌する。人々の健康の保護を絶対の要求とはせずに経済問題を考えることは馬鹿げており、かつ、危険である。原子力大災害の脅威を前にして、原子力からの脱出は一刻も早く行なわなければならないのだ。既存の施設を活用して、原発から脱出することが可能であることについて、われわれはすでに考察を行なった（第八章）。原子力発電を急激に停止することは、すべての問題を解決するのか？　もちろんそうではない。しかし、大災害の可能性は消滅するのだ。これは非常に大きなことだ。

原子力発電の停止後に残る問題は、停止された原発の機器総体を解体撤去する大作業である。この解体撤去に伴って放射性廃棄物が大量に排出するのだが、その放射線によって被曝しないようにするための有効な戦略などはない。原発の停止が突然のものであっても、徐々になされたものであっても、放射性廃棄物は多量である。きわめて多数の作業者が必要となる。できるだけ大量の放射性廃棄物を、最初の段階で環境に廃棄することが誘惑となろう。原発の停止が決定されれば、住民はそれまでにも増して用心を怠ってはならない。環境の汚染の危険は大きい。原発の大災害に伴う汚染の場合と共通して、原発の解体撤去に伴う作業に対する有効な放射線被曝対策はない。相当な面積の土地が、屋根なしの放射性廃棄物の貯蔵庫と化してしまうだろう。

また解体撤去のための作業者について、EDFは、EDF所属の労働者よりもずっと安い賃金で働く臨時労働者（被曝を受ける単純労働を行なう臨時労働者は、以前、「レム労働の肉」というあだ名で呼ばれ、蔑称されていた）を充てることであろう。雇用が臨時であるために、彼らを被曝させることは容易なのだ。

最近、同席する機会のあった人達は、原子力大災害の可能性を考えない、非常に不透明な立場をとる人たちであった。彼らは、原子炉を新しく設置しないことにより原発を将来（二〇一〇年あるいはそれ以降に）、廃絶することを「すぐに決定すること」を要求した。彼らは反原発に属するのだが、どこかで周知の親原発と手を結ぶものを持っている。このような選挙のための政治的な戦術は、政治的な選挙戦術に嫌気を起こさせ、反原発の運動の信用性を傷つけるものであった。

緩やかな脱原発を信奉する「反原発論者」（その融通の利く考え方のために、社会管理に適合している）は、原発建設のための財政投資の回収を当てにしている。そのための期間は、二十五年とされている（しかし、EDFはこれらの原発を四十年稼動させる計画を立てており、緩やかな脱原発はそれだけ遅れることになる）。彼らは、重大事故の可能性はまったく考えていない。しかし、重大事故を避けようとすれば、即刻に脱原発が必要となるのだ。

奇妙なことに、彼らは、原発の事故が起これば、原発から早急に脱出することができるであろうと述べた。事故の後に原発から脱出することが可能ならば、事故の前にはもっと簡単ではないのか？　どうして事故を待つ必要があろうか？　しかし、彼らはこのような疑問を抱いたことはないのだった。大事故が起これば、脱原発は、完全に不可能となろう。なぜならば、事故管理のために電気が必要となり、原子炉を無計画に、急に止めることは、受け入れがたい電力不足を生ずることになるからである。加えて、発電停止の費用が、事故の処理のための費用に加わる。

ヨーロッパ型加圧水炉が、話題にされている。ＥＤＦの原子力発電の過剰供給能力を考えると、近い将来、原発がさらに建設されることはないのではなかろうか。しかし、ヨーロッパ型加圧水炉の可能性はありそうだ。専門家が、「誤操作対応」と呼ぶ原子力発電のことである。運転者のすべての誤操作を許容し、これを修正することが可能であるという設計である。ゆえに絶対の安全対策を講じられているというのだ。狂言である。フランスにこれを設置したいというＥＤＦのヨーロッパ計画が、それである。カルネ（ナントの近郊）が立地の候補地となっているが、その地区の住民の反対は強く、建設は白紙に戻った。しかし、候補地が変更されるだけでしかない。ヨーロッパ型加圧水炉が、行き詰まったのではない。この原子炉の経済的な必要性は正当化されるものではないが、輸出を見込んだデモ用の原子炉として、あるいは、原発総体を更新するための未来型の原子炉の名の下に、担ぎ出されるかもしれない。短期の経済ビジョンを与えるものとはならないが、将来を見込んだ展示・演出を目的とするのであろうか？　住民の反対という大問題が持ち上がらずに、新しい土地を見つけることは困難なので、ＥＤＦは施設が飽和していない既存の原発施設の中で、計画を進めるかもしれない。反原発論者たちの中で、この戦術は気付かれていないようだ。

この問題には、廃棄物を関連させて考えてみる必要がありそうだ。核廃棄物は、高い放射線量と長寿命の廃棄物埋設の場所とされた地域において、活発な反対運動を呼び起こした。放射性毒性が強く、数千年の何十倍、何百倍という超寿命の核廃棄物なのだ。大変活発な反対運動が組織されたが、これらは反原発の反対同盟ではなく、反埋設の反対同盟であったことに注意しよう。彼らは、今まで以上の核廃棄物を生産しないための条件としての、原子力発電の速やかな中止を要求してはいないのだ。

一九九一年のバターユ法は、核廃棄物埋設に反対する者の拠り所とされているが、この法律は、深層埋設、表層貯蔵、核種変換の三つの研究を進めることを義務付けている。しかし、表層貯蔵や、あまり深くない地層への高放射性廃棄物の埋設を自分の住居の近くに受容する者がいるだろうか？「ここは困るし、他の場所も困る」という訴えが、エコロジストの文章に表われる。どこにも許容できないような廃棄物など、存在することを許容できないし、廃棄物とは言い得ないのではないか？（強毒性管理物質とでも名付ける必要がある）。

原子核種変換という幻想がそこで頼りとなるのであり、エコロジストはこれに注目した。（正直な科学者に予算を与えれば）これらの恐るべき廃棄物を原子核種変換によって、無害化することができるというのだ。この科学研究の結果を待っている間は、これらの核廃棄物を原子力発電の立地場所に保管すれば良いのだ。ラ・アーグの再処理工場も飽和しているし、その処理容量は、フランスの原子炉で用いられたすべての炉心を処理するには容量を欠いている（加えて、外国との再処理についての契約が優先される）。核種変換が可能となれば、廃棄物のない原子力発電を実現できるのだ。しかし、そのためには原子炉の稼動を続けなくてはならないのだ（原子炉の外で、核種変換を行なうことは想像できないことなのだから）。ヨーロッパ型加圧水炉により、永遠の原子力エネルギーが保障され、加えて、長期の放射性核種の危険がなくなるというのだ。

ＣＥＡを含めた原子力研究のすべての組織は、ずっと以前、一九七〇年代から核種変換の可能性に関心を抱いてきた。原子力発電の販売と宣伝には非常に効果があろう。原子炉を稼動させることによって、原子核廃棄物を消滅させるというのだ。残念なことに、核分裂生成物や放射性活性物質（その寿命が比較的短く、わずか三世紀か四世紀の期間ほど貯蔵するだけで十分なのだ……）が、安定元素や、寿命のもっと短い元素には変換しないことを、原子核物理の専門家は良く知っている。専門家たちはそのことをレポートで報告しているが、しかし声を大にして、これを訴えてはいなかった。原発の廃棄物を恐れる人々の夢想を壊すのは差し控えたかったのだ。希少アクチナイド（アメリシウム、ネプチニウム、キューリウム）は、超長寿命の危険なアルファ線放射性元素であるが、この元素を消滅させるために必要な中性子捕捉の反応は非常に弱いので、産業的に核種変換を実行することは無理なのだ。しかし、立派な研究のために予算要求をして、科学者に手段を与えれば、解決策が見つかるだろう。これが、核廃棄物の埋設は拒否するのだが、原子力計画の追求による核廃棄物の生産と蓄積には反対しない者の立場であった。しかしこのような研究に財政援助が与えられても（一九九一年のバターユ法により、それは事実となった）、専門家にとって成功の見込みはなかった。彼らは、近い将来に有効な解決法を見出すことの困難さを隠していない。産業レベルでこのための研究を優先しようと要求する者もいないのが現状である。

核種変換は、単なる個人的な動機に由来する研究の一つである。この研究の責任者は、実際の要求に応える具体的な結果を期待しているのではなく、科学の空想の強化に役立ち、科学技術の行き詰まりの前に人々が腹を立てることを避けるために、注意深く温存すべきメディア向けの話題として期待しているのだ。

それに加えて、ガラス体の中に閉じ込められてしまった核廃棄物から、核種変換可能な元素を回収することは不可能である。また、再処理されるべき使用済み核燃料からこれらの元素を分離する施設も、現在、存在していない。そのためには、産業レベルでその分離を可能とする方法を先ず見つけて、それからラ・アーグ工場の拡張部を建設しなければならないだろう。だから、核種変換の研究データを出すことは、緊急性を必要としない。既に処理済みの核廃棄物から、核種変換元素を抽出することもできない。話の辻褄は合っている。核種変換の研究は進んでいないし、はっきりした結果を得るには長時間を要するだろう。

急いで研究結果を出しても、少なくとも、二十年ほどは役立つこともないのだ。

この分野の専門家は、原子力産業の恐るべき廃棄物を消滅させるためには、この核種変換の変換効率があまりにも低く、いくら研究を行なっても、物理法則を変化せしめることはありえないことを知っている。しかし、核種変換は、核廃棄物を拒絶する者を幻惑し、人々の意見を二〇一〇年に向けて、「廃棄物なしの原子力」のテーマの元に、フランスの原子力発電網の更新のために、新しい法律を制定する計画に向けての役目を持っているようである。原子核種変換はそのためのおとりであるが、その論理は危険なものである。その原子核種変換の効率は、スーパーフェニックス型の高速増殖炉内部でも非常に小さく、それ以外の炉ではほとんどゼロである。その効率を増加させ、より有効なものにする手段は知られていない。

フェニックス炉も研究には役立つが、スーパーフェニックス炉の方がより望ましい。加えて、原子核種変換のためには、核廃棄物をあらかじめ再処理して、アクチナイド元素を精製し、分離しておく必要がある。このために、ラ・アーグの再処理工場を閉鎖することはできなくなる。エコロジストたちは、原子核種変換の研究を進めること、スーパーフェニックスを閉鎖すること、及びラ・アーグ工場を閉鎖することを同時に要求しているが、これはどう理解すればよいのか？ 分析を要する不思議な要求である。原子核種変換の研究はＣＥＡにより開始されたが、見込みがないことを理由に二十年前に中止されている。エコロジストたちはこれを再スタートさせようとしている。

著者は、原子力発電からの即時脱出の可能性を追求し、主張してきたが、この試みにエコロジストたちは冷淡であり、むしろ、敵意さえも表わした。反原発を確信する人たちも、期待したようには支持を表明せず、我々に対する賛同の意を明らかにし始めたのは事実ではあったものの、大変遅ればせであった。

更新性エネルギーについては、その深い恩恵に人類が浴しているにもかかわらず、我々はこれを批判して、その名誉を傷つけた。我々が原子力の代わりをすると期待するものは、石炭と重油である。天然ガスを用いれば、さらに望ましいが、フランスでは、天然ガスで稼動する発電施設は極めて少ない。天然ガスを用いれば、新しい施設（工場とガスの供給ライン）を建設することが必要となるので、早急にこれを用いることはできない。その施設を建設した後には、天然ガスの利用は見込みのあるものとなろう。

更新性エネルギー（風力と太陽電池）は、その出力について考えると、我々に電力を供給する脅威の怪物である原子力発電を代替することはできない。更新性エネルギーの施設は巨大であることを勘定に入れなければならない。既設の施設と必要とされる施設の比較から、更新性エネルギーの特徴を我々が分析した結果は、エコロジストたちを困惑させるものであった。石炭を悪者扱いにしても、その代わりに我々に与えられるものは、地獄行きしかない。

我々が扱いうる手段（水力、石炭、重油）を用いて、原子力から早急に脱出を試みる戦略と、もっと長期に人類が生存できる社会に向けてエネルギー戦略を進めることとの間には、何の矛盾もないことを明らかにする必要があるだろうか？　この二つの戦略は、いずれも、大災害の結果に対する、当然の不安と心配に応えるものである。この二つの戦略は、異なる関心に対して、互いに矛盾のない目的を持つ。原発からの早急な脱出は、大災害の恐れに対する十分な回答である。エネルギーを手の内にして、かつ、我々のエネルギー消費をできるだけ減少させることは、生きるに値する社会をより長期間にわたって保存する目的を持つ。もし、原発の大事故が発生したら、社会が「良い方向に進展すること」は、絶対にありえない。

ある種の不整合を避けることも必要である。トラックを電気機関車に積めば、重油の消費と空気汚染を減少させることは可能なのだが、それはＥＤＦにとっては恩恵であり、原子力発電の新しい需要と、放射能汚染の発生が増加するのだ。輸送について疑問を抱くほうがより利益があろう。道路と鉄道を用いた輸送を減らすことは出来ないものなのか？　我々の消費するすべての物資が、ますます遠くから供給され、我々の生産するすべてのものがますます遠くまで配達されるような生活システムを変えることは出来ないのか？

奇妙なことに、石炭が嫌われるのは採鉱者のひどい労働条件のことを思うからではなく、石炭が燃焼したときの炭酸ガスの故なのだ。また、ウラン採鉱者の労働条件は人々の関心の外に放置されたまま、彼らは、肺ガン、咽頭ガン、骨ガンなどで静かに死亡して行く。リムザンのウラン鉱は、開発を続けるにはウランがあまりにも貧弱で，閉鉱された。しかし、採掘に携わった労働者がガンで死亡しても、労働災害の職業病認定は、一般に、なされていない。

フランスのエネルギーの独立の基となっているウランは、フランス産のものとされているが、これは、コジュマがアフリカとカナダの鉱山の所有者であるからに過ぎない。コジュマがフランスの原子力発電を稼動するための資源の入手について、アフリカを利用している様子に心を痛めている人が、いるのだろうか？

ニジェールのアルリ鉱山で、採鉱者の放射線被爆の安全性がどのように保障されているのかを確かめて来た者はいるのだろうか？　採鉱施設には空調はついているのだろうか？　英国のジャーナリストが述べているように、ファアレグ族の若者たちが鉱山で雇われているのか？　そんなことには誰も無関心なのだ。アフリカの労働者は低賃金であり、我々はそのお陰で安いフランスのウランを手にしているのだ。われわれはこの問題を国際人道支援のNGO「世界の医師たち(訳注)」の責任者に尋ねたのは、十年程も前のことである。これは大騒ぎとなった。ニジェールにはフランスの医師達がおり、その中で、アルリの鉱山を訪ねたものもいた。しかし、彼らは何にも驚かず、採鉱者たちが吸い込んだ塵の中にラドンやその他の放射性元素が混じっていることについて語ろうとするつもりはなかったのだ。

訳注）医療活動を中心に国際的な人道支援をしているNGO

もちろん、石炭が理想的なエネルギー源だとは言うまい。しかし、原子力発電という目前の大きな脅威があり、これは子孫たちにも重要な影響を持っている。原発からの脱出は緊急を要するが、しかし、それだけでは我々の問題のすべてを解決したことにはならない。

汚染の恐れのない更新性エネルギーがこの問題に関連して登場する。原子力発電はこの更新性エネルギーによって代替されるべきだというエコロジストも多い。しかしこのことについては、原発を更新性エネルギーで代替することは絶対に不可能であることを、手に入る定量的なデータを用いて、我々は既に示した。自然に還ることは本来良いことだと信じているエコロジストたちには、このことはショックであった。自然は良くも悪くもないが、現実を直視することはエコロジストたちにショックを与えたのである。原子力発電を風力発電や太陽光発電と比較するためには、定量化して、測定できる量を比較しなければならない。原子力発電による年間の生産電力は、何kW時になるのか？　風力発電や太陽光発電は何kW時を供するのか？　そして我々は何kW時を消費するのか？　こうして人は数量に取り付かれてしまうのだが、ひとつの産業を他の産業に置き換えようとするときに、生産することを問い直さない方法があろうか？

我々の社会、自然に立脚した社会に対する思い入れは、自然の現実の可能性を正当に勘定しなければ、間違ったものになるということを、我々はエコロジスト批判として明らかにしたのだ。われわれの社会が、石炭、原子力、重油、天然ガスの代わりに、風力、太陽光発電、木材で代替して、我々が意のままに消費する莫大なエネルギーを供給し続けことができると考えるのは、とりわけ誤りである。なぜなら、社会とエネルギーという基本的な疑問について反省することを妨げてしまうからである。風力と太陽光発電で何が実現できるかを数量的に考えれば、エコロジストたちは驚かざるを得ない。「われわれは自然はすばらしいものだと考えていたが、あなたは我々の希望を壊した」という反応が、反原発の集会で返ってくる。

自然は良いものだとするテーマは、その役目を果たしてきた。一九四五年に少年期を迎えていた我々に、広島への原爆投下のニュース（その当時このニュースは、フランスでは、アルベール・カミユを除いて、人々の心を暗くするものではなかった）は、自然は善良であり、ウラン235の寿命は長く、この元素を科学者が使用することができるまで残存していたので、自然の恩恵と科学者のお陰で、無償で、このエネルギーを危険なしに、尽きることなく持つことになったのだと説明した。自然は善良であり、原子力エネルギーの残存物（現在は廃棄物と呼ぶ）は、医療のために医者を助けるものだとも言われていた。このくだらない話を信じたことで、後に我々が大いに失望したので、現在、EDFやCEAあるいはエコロジー専門家は、今日、我々に言うことを用心しているのだ。

危険がなく、汚染もない代替エネルギーについての幻想は、我々の社会の実際のエネルギー問題について反省することに対するブレーキとなった。この幻想は、本当に生活することの出来る社会へのユートピアを流し去り、下剤の役目を果たしたのだ。科学神話に基づいた技術官僚主義の信条と、これに対して戦い、あるいは、戦っていると信じる狂信の上に作られるエコロジストの信条との間には、共通点がある。風力や太陽光電池のパネルによる電気生産の僅かな容量に馬鹿喜びし、社会の本当のエネルギー問題が意識されなくなったのだ。その結果、我々の生活様式を変化させることなく、石炭、重油、原子力の汚染源を、日常生活において、あるいは、産業活動においてなくすことが可能であると、思わせることになった。

消費者に罪を着せようとする試みを見るのは嫌だ。照明用ランプを代えなさい、衣服の洗濯機や皿の洗濯機を代えなさい、冷蔵庫はまだ働いているが、より低電力で、より冷えるもの（しかし、耐用期間は短いのだが、そのことには触れない）に代えなさい。そうすれば、EDFは行き詰まってしまうだろうと。このような言い方は、消費者に原子力発電に行き詰まりの責任を帰せようとしており、原子力の技術官僚を免責するものだ。

スーパーフェニックスの廃炉をフランス社会党政府は決定して、そのための法的な措置が一九九八年秋には予定されているが、炉心が最終的に取り出されるまでは、政治的な行き詰まりにもかかわらず、決定が最終的なものにはならない。炉心の取り出しはいつ開始するのか？　行政管理の多くの書類が必要となり、諸省庁と委員会の協議が最終的な法令の前に準備される必要があるので、そのための期間も見込まねばならない。このような手続きは緊急になされるのか、あるいは、このような決定には反対であることを隠さない行政担当によって、無気力に扱われるのか？

他方、この原子炉を停止することを、ＣＥＡの才能のある発案者が予想していなかったということは、信じがたいが、事実であった。使用済み核燃料を取り出す用具は、初めにこれを装荷した用具と同じものであった。しかし、その用具はすでに廃棄されていることが判明した！　その理由を調べる必要があるが、不明の点も多く、権力が敢えて介入しない技術官僚のやる気のなさを考えると、長期間を要するであろう。公益のための世論調査（民主的なものである必要がある）を要求する突飛なアイディアを思いつく人があれば、一年間以上、最終決定は遅れるだろう。

スーパーフェニックスは、超不死鳥というその名前のように、原子核反応のエネルギーを出し、同時に、その核反応の副産物をもさらに核分裂させるという増殖炉としての展望の元に、フランス科学界の期待を担ってスタートしたのであるが、その試みは失敗に終わった。しかし、この原子炉を停止させるに至る公的な理由は、この原子炉によって生産される電力が高価につくこととされた。このような言い訳で、フランス人の目を欺き、フランス科学の大きな失敗を隠そうとしたのだ。十二年以来（スーパーフェニックスの核分裂の開始は、建設期間を終わってから八年を経た、一九八五年九月のことであった)、何度も繰り返された故障、トラブルに見舞われたこの原子炉を、当初の目的通り運転することには明らかな危険があった。恐るべき事故への明瞭な危険性に注目を呼び覚ましてはならなかった。

「スーパーフェニックスの代わりとなる役目を担うヨーロッパ型の加圧水炉」のキャンペーンは、スーパーフェニックスに関する事故の危険性について、金属ナトリウムの引火性のみを宣伝した。金属ナトリウムの事故は、激しく、重大であるが、専門家が「核の脱線事故」と表現する「プルトニウムの放出に至る爆発」と比較すれば、ずっと軽微なものである。スーパーフェニックスは、チェルノブイリで爆発したRBMK原子炉と同様に、ゼロ出力時の増殖定数がプラスであり、充分な炉心冷却が消失したときには、特に不安定な動作をする。この型の大災害の可能性を言及しなければ、危険は原子炉によるものではなく、ナトリウムの存在にのみ由来するものであると考えさせることになる。ナトリウムを用いない原子炉には、特別の注意を払うには及ばないとされたのだ。忘れることは、無邪気で罪のないものとは限らない。

社会党によるスーパーフェニックスの運転中止は、プロゴフの一撃(住民が、深地層への放射性廃棄物埋設案を拒否したこと)から得られたEDFの戦略であろう。スーパーフェニックスを断念するので、EDFの核計画を続けさせて欲しい。ミッテラン政権では、このやり方がうまく進んだ。ジョスパン首相は、スーパーフェニックスの運転中止をあまり喜んでいないようだ。スーパーフェニックスの代わりとしてのヨーロッパ型原子炉の推進キャンペーンが進んでいる。しかし、これは、フランスの原子力計画を問い直す要求に応えるものではない。

第三版の出版に際しての補足（スーパーフェニックス廃炉の公式決定、ラ・アーグの再処理工場、MOX燃料）

一九九八年、スーパーフェニックス廃炉の公式決定がなされた。反原発を主張する人々にとっては、それは勝利の始まりであると考えられた。スーパーフェニックスは故障と問題が次々と生じるばかりで、電力を消費し続けたことは明らかである。この怪物を死に至らしめることを要求する技術的、経済的な現実に加えて、故障が繰り返し発生したことは、原子力の技術官僚に対する信用性を失わせるものでもあった。

一九九八年十一月三十日付けの法令九八—一三〇五は、原子力の基礎となる施設の最終的な停止の最初の段階に関連したものである。しかし、これは最終的な停止の最終段階や、施設の取り壊しには程遠いものである。この法律の第二条は次の作業を許可している。

—原子炉からの核燃料を取り外すこと

―溶融金属ナトリウムを汲み出し、これを倉庫内に格納すること
―使用していない非核施設を最終的に取り外し、分解すること
この施設を最終的に廃止するための他の作業段階は、それ以降に、法的に許可されなければならないのだ。
この施設廃止の最初の段階は危険を伴うものである。この法律の三―一条は、明白にこの危険性を述べている。「原子炉から取り外された要素部品を倉庫に格納して、それらを保存する時に、核反応の臨界に達する危険を排除し、核燃料が過熱したり、核燃料を落下させ、破損させたりしないように注意をしなければならない」と。作業の最初の段階では、液体金属ナトリウムの火災、およびプルトニウム爆発の危険性があり、これは絶対に避けなければならない。この条項は、核燃料を落下させないように注意している。核燃料を落下させることが、予期しない結果を招くこともあり得るのだ。
第一条では、施設内の緊急事態の対策措置を明らかにすることを要求し、第二条では、施設の経営者が、第一条に明らかにされた監視の一般則に合致して、核燃料を保持し、液体金属ナトリウムを汲み出し、倉庫内に格納する作業に対して、安全対策と、その詳細な方法を遵守することを要求している。この条項は「一般的であり」、経営者が守るべき具体的な制約を課すものではない。経営者自身が最終的に安全基準を設定するのだ。

第三～七条「廃棄物の廃棄」には、放射性廃棄物の埋設に反対する人たちは特に注意はしなかったようであるが、「放射性廃棄物の最終的貯蔵は、その施設の地域内で行なわれてはならない」と記述されている。更に第三～七条には、すべての廃棄物の保管期間は、できるだけ短期にしなければならないことが記されている。この法律には、リオネル・ジョスパンを始め、ドミニク・ストロース＝カーン、ドミニク・ボアネ、クリスチャン・ピエレの五名の署名がなされている。

スーパーフェニックスの騒動は、まだ完了してはいない。その最終的な廃止が獲得されたとの了解で、反原発運動が注意を怠ることは危険であろう。

スーパーフェニックスの労働者たちは、ある産業が破産して、廃業する時に起こる解雇に対して、抗議行動を行なうことはなかった。このことからすると、原発全体が最終的な停止をする場合にも、原子力産業の労働組合を順応させられるかもしれない。

反原発を主張するものは、ラ・アーグの再処理工場の批判に焦点を合わせ、フランスの原発推進が終焉を迎えるための最初の目標として、その閉鎖を要求した。しかし、使用済み核燃料を再処理することは、電力のための民生用原子力の必然ではない。核保有国のほとんどすべての国々は、使用済み燃料の再処理を行なってはいない。アメリカも、この選択肢をずっと以前から断念していた。『ル・モンド』の社説には、ラ・アーグ工場の閉鎖が、間もなく行なわれるかのようなものがあった。しかし、原子力ロビーは、そのようには考えていない。

ラ・アーグの再処理工場は危険であり、閉鎖されるべきである。プルトニウムが連鎖反応の臨界に達する危険が大きく、使用済みの核燃料から抽出されたプルトニウムの放射線量が相当なレベルに達しているのだ。ラ・アーグ工場では放射性の廃棄物が生産されているので、ラ・アーグ工場は閉鎖されなければならないと、反原発を主張する人々が述べていることもあった。しかし、放射性廃棄物が作られたのは原子炉の中でのことであり、原子炉を停止することだけが、放射性廃棄物の生産をストップさせるのである。ラ・アーグ工場は、放射性廃棄物を作り出すことはなく、プルトニウムを分離して、放射性廃棄物を分離、仕分けして、その過程で貯蔵されるべき放射性物質の一部を環境に放出しているのだ。

反原発を主張する人々が一九七〇年代から警告を発しているラ・アーグ工場に対するテロリストの危険性は、十分な警戒が必要であろう。もし再処理を中止しても、水槽の中にある使用済みの核燃料と、現在稼動中の五八基の加圧水型原子炉の炉心で燃焼している将来の使用済み燃料は、冷却し続ける必要があり、それ故に危険性は続くのだ。

ラ・アーグ工場の労働者は、工場の閉鎖を望む人々に反発している。工場が稼動していても、閉鎖されても、この工場に誰も労働者がいなくなることはあり得ないにもかかわらず、労働者は雇用を失うことを心配している。スーパーフェニックスと同様に、ラ・アーグ工場でも、雇用は相当な期間にわたって継続されることは、技術上の理由によって保証されるものである。以前の環境大臣が示唆したような、ラ・アーグ工場を別の施設に転換させる可能性については、心配するには及ばない。ラ・アーグ工場を転換することは不可能である。原子力の施設を閉鎖するためには、要員を解雇し、門を閉じ、雑草が茂って立地場所を覆うのを待つだけだと考えることは、的外れである。

ＭＯＸ燃料が、フランスの九〇万kW級の原子炉で、ますます使用されている。ＭＯＸ燃料は、プルトニウム酸化物と（ウラン２３５の濃度が低い）劣化ウラン酸化物の混合体である。

ＭＯＸ燃料は、一般的に利点が多いものであるとされてきた。スーパーフェニクス型の高速増殖炉が廃棄されて以来、使用の道がなくなったプルトニウムをＭＯＸ燃料として、燃すことができるのだ。しかし、現実には、この方法を用いても、プルトニウムの貯蔵量の総量を減らすことはできない。ＭＯＸ燃料を用いた原子炉では、炉心の三分の一までしかＭＯＸ燃料を使うことができず、炉心の三分の二の燃料は濃縮ウランの酸化物を用いるのだから、原子炉が稼動すると、このために三分の二の濃縮ウランの燃料棒の中にプルトニウムが新たに生じることになる。また、使用済みのＭＯＸ燃料を簡単に再処理できるかどうか、このことは、まだ明らかにはなっていない。

それから、プルトニウムをMOX燃料として使用することが、原子炉の安全性のゆとりの範囲を非常に狭くすることに注意する必要がある。このことによって、原子炉の動作特性はよりデリケートなものとなり、トラブル時の原子炉の運転操作は、より制限が大きくなる。ダンピエールの原子力発電所では、稼動開始の前の、燃料総体の位置調整がずれていたために、トラブルが発生した。これは、臨界事故に発展する危険性を持つものであった。

アメリカでは使用済み核燃料を再処理していないので、MOX燃料の使用は考えていなかったが、これを使用することになった。アメリカが、フランスのMOX燃料の使用に追随するというニュースが発表されたのだ。アメリカは、旧ソ連の軍事用プルトニウムの超過分を獲得しており、その適切な管理法を探っているところであり、アメリカは、多面的な問題に直面することとなろう。純粋なプルトニウムは危険性の非常に高い物質であり、その管理は面倒で、完全に有効な管理法などはない。この問題の検討は、アメリカ科学アカデミーに付せられた（分厚い報告書が出版されているが、ジャーナリスト達はこれを、あまり読んでいない）。アメリカ科学アカデミーは、プルトニウムをMOX燃料として、原子炉で焼却することを勧告した。アメリカでは、使用済みの核燃料は再処理されていないので、MOX燃料を原子炉から取り出した後には、燃料中に燃え残ったプルトニウムが、多種多様な放射性廃棄物と交じり合ったままであり、何らかの意図の下にこれを抽出するような試みは、大変困難であろう。

フランスのＭＯＸ燃料の問題は、使用済み核燃料を再処理した結果、派生したのだが、これに比べて、アメリカのＭＯＸ燃料は、使用済み核燃料を再処理しないことによって、派生するのだ。

フランスの四基の新原子力発電の稼動

シューズとシヴォーで、一四五万kWの新しい四基の原子炉が稼動すれば、フランスの原子力発電の容量は、一〇%の増加となる。原子力発電の容量超過はますます大きくなり、ＥＤＦ内部の親原子力発電ロビーは、石炭と重油の発電所を取り壊すか、あるいは、長期で運転停止とする戦略を立てている。温暖化ガスの京都会議は、ＥＤＦにとっては助けであり、これをＥＤＦは利用する。石炭と重油の発電所について、現在の一七〇〇万kWの出力の内、二〇〇五年には一〇〇〇万kWのみを必要とすると、ＥＤＦは発表した。こうして、一九九八年内に、三三五万kW相当の重油、石炭の発電所を指定リストから除外し、三八五万kW相当を補充扱いとすることとなった。補充扱いとは、必要となれば、二年間で再起動させることが可能なのであるが、指定リストからの除外は、最終的な取り壊しなのである。

ＥＤＦが直面する矛盾も理解できる点はあろう。ＥＤＦは国際的な競争力を持つ必要があり、石炭を用いる発電所については、汚染物質を減少させるために開発した動作技術のお陰でインドと中国で重要な販路を獲得しており、順調に進出している。ガルダンヌ産のような低品質の石炭や瀝青炭についても、「循環液体床」の燃焼炉（施設の床だけを変更して、従来の施設を用いる）が、好成績を挙げたのだ。この型の燃焼炉は、ポーランドとウクライナにも、EDFは導入している。その他には、二〇一〇年までフランスの電力生産の更新は見込まれてはおらず、EDFの内部では、これらの新技術についての闘争が存在している。これらの技術が国際的なスケールで実験されるならば、原子力発電の更新に対立することも起こりうるだろう。古典的な熱発電の重要さは否定できない。その解体を放置するわけにはどうしても行かない理由は理解できる。重要な賭けをする必要がある。我々の意識が、選択を決めることとなる。

原子力発電からの脱出は遅れるほど困難となるであろう。原発の行き詰まりから早急に脱出する可能性を我々は一九九三年に指摘し始めたのだが、反原発の運動家にとって、より正確には、この運動の中に残った者にとって、これはうまく進展しなかった。最も重要でメディアにも登場するエコロジスト組織（グリーンピース、緑の党）の責任者と活動家は、原発に代わる別のエネルギーを夢見て、また、石炭を悪者と決めつけ、フランスに展開する特有の問題を直視しようとしなかった。そして彼らは原子力からの遠い将来の脱出というシナリオを抱き、脱出の時期については、質問に答える人によって、その答えはまちまちであった。

この脱原発のシナリオは、原発の建設費の償却期間（二十五年）と、ＥＤＦによって見積もられた四十年という寿命の予定値を混同していた。これを混同してはいけない。寿命によりゆっくり停止する最初の原発はフェッセンハイム原発であり、それは二〇一七年となる。一九九七年に稼動したシヴォー一号についてはゆっくりした停止過程は二〇三七年となり、シヴォー2号はもっと先である。選択を決するのは今なのだ。問題の重要性についてのわれわれの自覚次第なのだ。

今や、一九九三年に比べて、早急な原子力発電からの脱出の現実性はずっと困難になっている。数年後には、おそらくそれが不可能になって、原子力施設が更新されることになりそうな状況のなかで、反原発と自称する運動が、その責任の一部を引き受けさせられることであろう。

ＥＤＦの技術官僚とその同盟者たち（自然科学、医学、メディア関係者、組合関係者などの分野で、その数はかなり多数になろう）は、一般的な無関心の中で、原子力発電からの脱出を不可能だとするためにあらゆることをした。われわれの理由とはまったく異なる理由によって（彼等にとっては、天然ガスの価格との経済競争性が問題であるのだろう）、ＥＤＦの内部にも、原発の排他独占的な性格に反対を試みる技術官僚もいた。また、古典的な熱発電が取り壊されることに反対する労働者もいた。八〇〇〇kW以下の小水力発電施設は、小電力であるにもかかわらず、更新性で、集中化できない分散したエネルギーだという点で、ＥＤＦはこれを放置することができず、これを取り壊そうと望んでいるのだ。この小水力発電施設は、経済的な動機に関して、原子力発電とは相容れないものを持っているのであるが、反原発運動の中では、まったく反応がなかった。

視野をもっと広くして、われわれが選択した国（ヨーロッパ諸国、アメリカ、日本）以外の、東欧及びアジア諸国の原子力エネルギーの状況についても総括を行なうほうが良かろう。これは長い大きな話となるはずだ。少しだけ垣間見ることにしよう。表6を見ていただきたい。

表6は、原子力発電がアジア諸国や東の諸国を魅惑していることを示している。これらの諸国では、産業の発展が遅れているか、あるいは、紛争のリスクが高い地域である。これらの国々では、予算規模が小さく、原子力計画を実現するための財政投資を準備することは容易ではなかろう。しかし、民生用のエネルギー源の原子力化は、軍事技術につながるものであり、また､､西欧諸国と旧ソビエト連邦が進める近代化のシンボルマークでもあると見なされるのではなかろうか?

表6　東欧およびアジア諸国の原子力発電の設置済み基数と予定基数（1996年）

	設置済み	建設中	発注済み	計画中
アルゼンチン	2	1	0	0
アルメニア	1	0	0	1
ブラジル	1	1	0	1
ブルガリア	6	0	0	1
カナダ	21	0	0	0
中国	3	1	7	＊20
北朝鮮	0	0	2	0
韓国	11	7	2	7
フィンランド	4	0	0	1
ハンガリア	4	0	0	2
インド	10	4	8	5
イラン	0	1	0	4
カザフスタン	＊＊1	0	0	4
リトアニア	2	0	0	1
メキシコ	2	0	0	0
パキスタン	1	1	0	1
オランダ	1	0	0	0
チェッコ共和国	4	2	0	0
ルーマニア	1	4	0	0
ロシア	29	12	4	14
スロヴァキア	4	4	0	0
スロヴェニア	1	0	0	0
スエーデン	12	0	0	0
台湾	6	0	2	2
ウクライナ	14	4	0	2

＊この内の１基は高速中性子炉　　＊＊高速中性子炉

稼動中、建設中、発注済みの原子力発電は保有していないが、建設計画は持っている国の国名とその基数は次のようである。バングラデッシュ1基、ベラルーシ1基、エジプト2基、インドネシア1基、ポーランド1基、タイ1基、トルコ1基、ヴェトナム1基

原子力エネルギー庁による「世界の原子力発電」(1997年）から引用。

高度産業国家で検討されている、アジアと東欧諸国で原子力化を推進する計画は、自国ではいろいろな困難に出くわしている原子力産業にとって、大いに関心があり、行き詰まりの打開の道となる。これらの国で紛争の起きた場合には、原子力施設の重大事故は一層劇的な状況を招くことになり、西欧の責任はこの原子力の発展をもたらしたことに対して、全面的な責任を負うことになる。西欧諸国の非核化、特にフランスの核化の異常な発展が解体しなければ、これらの国家の非核化も実現しないことは確実である。

もし、原子力からの脱出がエネルギー問題についての真剣な討論の中で、人々の意見が奔流となり、合意が達成されるならば、社会の政治的管理は極めて大きな変化がもたらされることになろう。原子力に関する管理は、漫画のような常識外れのものである。すべての面で常識からの逸脱が進んでいる。原子力の停止をすぐに要請することによって、社会の技術・官僚制度的な管理は、人々の健康の保護とは相容れないものであることを示す必要がある。また、社会管理を担当する科学者たちは、すべての問題を解決したと主張する科学界の代表と元々からの共犯者であり、背徳的な人々であることを明らかにしよう。彼らの政治的管理は、いまだ少しは残っている民主主義の慣習にとって、差し迫った脅威であることを明らかにしよう。

このような意識によって、政治的な状況に立ち向かうことは、一見小さく見えるとしても、相当有効なものであるはずだ。ますます不吉な兆候が現われているこの社会において、エネルギー分野だけには限らず、人間性が否定され、投げ捨てられようとしている。原子力事故は、管理者が望んでいる専制主義を強化する以外の何ものでもない。核事故は、権力にずっと留まるための有効な手段であると見なしている者がいるのではないだろうかという疑問さえ禁じえない。

日本語訳の出版に際してのあとがき

広島と長崎における原爆投下は、日本では、壊滅的な破壊をもたらした軍隊による行為として受け取られた。一九四五年五月八日に、ドイツ軍が降伏した後にも、太平洋地域には戦闘が続行していたことは事実ではあるが、フランスのメディアは、日本の二つの都市が完全に壊滅したことには、軍事的に、単なる事実経過と見なした。彼らは、広島と長崎が数秒間で壊滅したことを、別の意味合いで解釈したのだ。西欧、特にフランスでは、原爆投下と広島の壊滅は、基本的には、戦争に帰される軍事行為の脈絡を超えた意味合いで解釈されたのだ。

一九四五年八月八日付の『ル・モンド』は、「科学の革命：アメリカが日本に対して世界最初の原子爆弾を投下」と題する記事を掲げた。一九四五年八月六日に広島が、その三日後には長崎がほとんど瞬時に壊滅したこと、原爆が起こした気圧のショック波による死亡、強い熱線による蒸発死、やけどの苦痛、すべての恐るべき客観的な事実は、フランス・メディアの主たる関心事とはならなかった。西欧、特にフランスでは、原爆のもたらした現実は、巨大な分量のエネルギーが物質に潜んでいるという科学的な仮定が真実であったということを証明するものであると見なされたのだ。広島の破壊が壊滅的であったことは、その解釈についての彼らの確信を強めるものであった。科学者と政治家は、広島と長崎の壊滅は未曾有の破壊行為であったのではなく、原子力エネルギーの解放によって、輝かしい将来が確かなものとなったのであり、費用のかからない無尽蔵のエネルギーが実現し、原子力時代と言う人類の歴史にとっての新しい時代への発展を確かにするものであると解釈したのだ。

数年後、フランスや西欧諸国も、原子爆弾の標的になりうることが明らかになった時、人々の考え方は変わったが、原子力時代の到来の賛歌は人々の頭の中に、まだ残っており、フランスの現在の原子力発電の進展の基礎をなす支配的な考え方の基盤は、広島と長崎の市民の蒙った殺人の能率化に対する「進歩」の考え方の上に築かれているのだ。(訳注)

訳注) これはフランス人たちの原子力問題に対する見方についての大変興味のある指摘である。著者は以前からこの主張をされている。フランス人たちが、そのように原子力問題を理解しているのだということはよく理解できよう。しかし、この見方を単に、形式的に日本の原子力状況に拡張して、適用することはできない。原爆を受けた日本でも、現在、原発はフランスに次いで盛ん

であり、反原発の国となったわけではないからである。日本でも、原発は、科学のもたらす夢を実現するものとして理解され、原爆とは別物であり、被爆し、被曝した人たちの受けた苦しみとは無関係なものであるとして出発したのだ。日本が原爆を受けた国であるにもかかわらず、いかにして原爆と原発を別のものだと理解し、原子力推進の国になってしまったのか、その理由とその過程を分析することは、我々日本人に課せられた問題であると、訳者は考えざるを得ない。

フランスの原子力発電は、現在どうなっているのか

一九七四年の石油危機に際して、フランスは長年にわたって原子力官僚が準備してきた壮大な原子力発電計画を実行する決定を下した。一九九〇年には、五〇カ所の立地場所に二〇〇基の原発を建設する計画であった。しかし、我々が本文で議論したように、この時期にアメリカは原子力開発を中止したのだ。

一九九八年以来、フランスの原子力発電の事情に変化はない。フランスの原子力発電は、加圧水型炉五八基（米国ウエスチング社の特許によるPWR型）が一九カ所の立地場所に設置され、その合計出力は、六二九五万kWである。この他に、一基の高速中性子炉二三・三万kWがある。フランスでは、原子力についての政治的圧力は、以前にも増して強く、政府は、フランスと国外の原子力産業を維持し、発展しようと意図している。

―フランスは、フィンランドに対して、一六〇万kWの一基のEPR（ヨーロッパ型加圧水

炉：フランスのＡｒｅｖａグループ〔二〇〇一年九月、原子力と情報通信技術を推進することを目的に、原子力庁の産業育成部門、コジェマ社、フラマトム社が合併し創設された組織〕が、原子力関連を担当し、それ以外の部分はシーメンスが担当）を販売し、同時に、フランス国内では一三三kWのＰＷＲ二基を擁するフラマンヴィルに同型のＥＰＲを設置しようとしている。この二基のＥＰＲ炉は、同じ設計に基づくものであるが、出力は今までのＰＷＲ型炉よりも更に高くなっている。シューズとシヴォーで設置され、稼動を開始した四基のＰＷＲ型原子炉の出力は、いずれも一四五万kWであった。シューズ一号の原子炉は、建設開始以来十二年目、一九九六年に、シューズ二号は建設開始以来十年目、一九九七年に、大いに遅れて電力網に接続された。シヴォー一号の原子炉は、建設開始以来六年目、一九九七年に電力網に接続された。これらのことについては既に触れたとおりである。最後に、シヴォー二号の原子炉も、一九九九年に、これも遅れて電力網に接続されたことを付け加えておこう。

ＰＷＲ型原子炉がアメリカの特許下のものであるのに対して、前記の二基のＥＰＲ炉は、全くフランス製であるが、試験運転の開始以来、多くの問題が起こり、そのリストは未だ尽きていない。設計段階では想像できなかったような機能異常を、原子炉本体が検出している。例えば、熱水と冷水との混合領域の配水管には、予期しない侵蝕が生じ、そこから水漏れが起こっている。

中国市場に向けての原発輸出の国際的な競争の見通しは、厳しいものがあるのは明らかである。中国は、特定の型の原子炉を輸入するだけではなく、原子力に関わる技術全体を輸入しようとしている。フランスのArevaグループのEPR新型原子炉はまだ稼動しておらず、その技術を供給するには至っていない。フィンランドでEPRを建設するという約束は問題があるようであり、この型の原子炉のための宣伝にはごまかしがあろう。

—フランスの原発を維持し、さらに、老朽化のために停止することになる原発の数に従って、新しい原発を更新して行こうとする意欲が、新しいウラン濃縮工場の建設計画によって示された。

港湾都市シェルブールでは、チェルノブイリ二十周年を機会に、その近郊のフラマンヴィルのEPR炉設置計画に対して反対する大きな反原発集会が開催されたのだが、ガス拡散ウラン濃縮のEURODIF施設(コジェマ社が、イタリア、ベルギー、スペインとの国際共同で、ウラン濃縮を行なってきた施設)を、より安価な外国の技術による遠心分離利用のウラン濃縮施設によって更新することについては、大きな反対行動はなかった。このウラン濃縮施設は、二〇〇六年に稼動する予定であったが、例によって遅れている。以前からこの濃縮を試みているヨーロッパのパートナーの合意の問題がその理由なのであろう。この新しい濃縮工場に対して反対の意思を表明した唯一の反原発団体は、リムーザンの団体であり、彼らは濃縮過程からの残滓として残される劣化ウランについて不安を抱いている。リムーザンでは、鉱石からウラン抽出を行なう古い作業地区の、農業用のような倉庫の中に、一〇万トンもの劣化ウラン酸化物を入れた数千の収納箱が、フランス東南部から、鉄道で輸送されており、将来、その量は、一九万九〇〇〇トンに達すると予定されている。新しい濃縮工場の残渣である劣化ウランは、一体どこに行くのであろうか？　フランスでは、ラ・アーグ再処理工場の再処理は続き、二〇基の原子炉で燃焼されるＭＯＸ燃料が作り続けられて、高放射性の廃棄物の貯蔵をどうするのかについては、解決のめどが立っていない。

フランスの原発の安全性はどうなのか？

フランスの原発の安全性については、原発労働者の内に死亡事故が起きた日本の状態に比べると、ずっとましではあるが、良好であるとは全く言えない。すべての原発で事故が増加し、設計概念の誤りや、電力市場の自由化に伴う誤動作などが明るみに出ている。ＥＤＦでは、他の産業や商業部門すべてにおけるように、労働力を「柔構造を持つ媒体」として扱おうとする労働力の搾取強化の方式が支配している。そして、保守のための代替部品の準備が整っておらず、入手が困難であり、加えて、事故に対する前駆現象として検出される異常が、原発を支配する労働の階級制度の中では無視されて、より重大な事故を招き、あるいは作業員の労働限界のために、事故が起きることになる。

ＥＤＦの下請企業に属する臨時労働者の労働ストレスが、ＥＤＦの労働者にも波及している。労働者の健康管理を担当する原発内部の医師たちは、かれらの雇用者ＥＤＦに対して、通常、従順であるが、最近でははっきりとした警鐘を鳴らし始めている。

先に述べたシヴォーの例に加えて、設計段階の誤りについて述べよう。

―炉心冷却の緊急の散水の場合に、二つの水路が必要となる。散水回路と、この水を回収して再び散水回路に戻す回路である。しかし、水を回収する水槽は、いろいろの廃棄物（断熱材、塗料、セメントなど）で詰まっている。これはすべての原子炉に共通した一般的な問題である。

―シヴォーのような水量の少ない川に沿って建設されている原発が多い。二〇〇四年夏の酷暑時に水不足のために原発が停止した。ウラン濃縮施設フェッセンハイムの原発では、建物に散水したが、十分冷却できなかった。

―多くの原発では、外部の洪水に対して対策が講じられていない（ブレイエ原発では、一九九九年十二月の暴風雨時の洪水では、原発内の緊急処置が実行されたが、安全対策は機能しなかった。ジロンド地方では河口の波の高さに比して、原子炉の設置されている小さな島の高さが十分ではなく、防護水路が十分深くなかったのだ。幸い、その時間には潮位は低かった)。
―原発内部の洪水に対する対策がないこと(二〇〇五年九月のノジャン・シュル・セーヌのタービン冷却回路管の破裂による洪水)。
―配電盤の収納棚に対して蒸気配管の位置が悪く、水栓の単なる閉め忘れで大量の蒸気と水が配電盤に押し寄せ、時ならぬ中性子束の変化を引き起こし、その場所を水浸しにした。配水管の破断によって指令回路が働かなくなり、原子炉の正常な運転状態を危険にする可能性があった。

目下の所、これらの多くの出来事は重大事態を引き起こしてはいない。しかし、何時までも安心できるとは限らない。電力市場の自由化に伴って、価格低下の論理が安全性を軽視するために、最近、労働組合が明らかにしたような、施設内部のサボタージュの行為を含めて、多くの事故を招いている。経営の機能障害は原子炉の老朽化に基づく状態の悪化、材質の管理不足、事故の前駆現象の無視と重なり、テロ行為の可能性もすべてを悪化させる。

さらに心配なのは、二〇〇三年以来、数々の重大事故に対する管理の法令が発表されていることであり、フランス政府が重大事故に備えた管理体制の準備をしていることである。しかし、原発の重大事故に対する有効な管理など絶対にありえない。次に原発の重大事故が起これば、国際的な責任者は、事故後の日常生活の放射線防護の基準を緩和せざるを得なくなる。

現在まで、放射線の生物に対する有害性の評価は、広島と長崎の原爆時の放射線による外部被曝生存者の疫学研究に基づいて、評価されてきた。

最近の研究によって、被曝生存者はガンと白血病に加えて、心臓疾患、肝臓病、甲状腺障害、子宮筋腫などの被害を受けていることが明らかになってきている。しかし、チェルノブイリにおけるような、放射性降下物による地表汚染によって生じた食料を摂取することで、慢性の内部被曝に曝された旧ソ連の地域の住民のこうむった被害は、前代未聞のものである。この地域の医師たちの診断によると、住民の健康は悪化し、特に、チェルノブイリ原発の爆発を経験した子供たちの状態は、その数年後に明瞭な健康障害を示していて、このことが、一九八八年末から一九八九年の初めにかけて、住民の汚染地域からの避難を要求する示威行為の原因となった。それ以来、甲状腺ガンの増加については、国際機関も、この影響を確認した。これに加えて、子供や青年は多くの症状、すなわち心臓病、白内障、疲労、アレルギーなど、内分泌系、免疫系の障害を患っている。また、放射性降下物による汚染が最も激しかったミンスク（ベラルーシ、以前の白ロシア）の病院では、乳幼児の心臓の先天異常による死亡率が高く、顕著に現われていることが伝えられている。しかし、国際的な専門家は、これらの症状の存在を認めようとはしていない。モデル計算された放射線被曝量は、障害を及ぼすほどは強くないと言うのだ。

我々が、産業用及び軍事用の原子核技術の推進を即時に停止することを要求するのは、我々の子供たちや孫たちに、旧ソ連の汚染地区の住民が受けた運命を、繰り返して体験させたくないと希望するからである。

訳者のあとがき

ベルベオーク夫妻による本書（Sortir du nucléaire c'est possible avant la catastorophe,1998）の初版は、ノジャン＝シュール＝セーヌの原子力発電反対同盟からの出版物として、一九九七年に出版された。この著作は、原発に不安を持つ人々の間で読まれ、かなり大きな反響を起こしたので、翌年の一九九八年には、この著作の第三版がエスプリ　フラポェール（警鐘の理念）社から出版された。その時に、第三版の出版に際しての序文として、当時の世界の原発情報等が、初版の冒頭に付け加えられた。チェルノブイリ原発の大事故は、ロシア型の原発に特有のものではなく、同じような大事故はどの国の原発にも起こりうる可能性がある。原子力発電という技術は、深刻で重大な危険性の上に積み重ねられており、原発の大事故が起こる潜在的な可能性を否定することはできないのが現実である。第三版が出版されてから、既に十年近くなろうとしているのだが、世界各国の原子力発電の状況は、それ以来、余り大きく変化せず、第三版で説明されている状況は、基本的には、現在も、そのまま通用すると考えている。

我々の子孫たちが、彼らの将来の生を享受し、将来の文明の恩恵に浴することが出来るための必要条件として、大事故の危険性が潜在する原発から、即時に、脱出する必要性があるとする著者の主張は鮮明である。総電力消費の八〇％を原発に委ねている原発大国フランスにおいて、化石燃料による火力発電はフル操業されず、あるいは、撤廃されている現状に直面して、著者は、その無謀を分析し、鋭い警鐘をを鳴らしている。

この著作では、原子力発電技術が、どのような危険性の上に構築されているのかと言う問いの周りを巡って、回帰している。このために、この著作を読んでから、この著作の中で強く印象に残った記述が、どの章の、どのページに書かれていたのか、すぐに探し出せないことがあった。そこで、どの章で、どのような議論がなされているのかを判りやすくするために、著作の目次において、各章の議論項目と、その項目のページ数を書き加えて、特定の議論項目の所在を探し易くした。目次を活用して頂ければ、幸いである。

この著作の第三版において、序文が付け加えられたことは、既に述べた。この長い序文において議論されている内容は、多岐に亘っているので、これを分割し、「第一章　世界の原子力発電」、「第九章　更新性エネルギーについての誤った議論」、「第十一章　その他の問題とまとめ」の三つの章に割り振って、内容的な関連を重視して、読み易さを図ったことを付記したい。このことにより、各章のタイトルに合致した、具体的な議論を探すのも容易になったと考えている。

おりしも、柏崎刈羽原発で、直下型の震度六・八に達する地震が発生した。1号原発と2号原発の間には、高さ二メートルに近い断層が生じ、施設には多数の破損が起こり、放射性物質の漏洩が生じたことが報告された。この修復は非常に困難であり、巨大な費用と、長い期間を要し、危険性が大きいものとなろう。起こり得る地震の震度の見積もりは、大変な甘さがあった。活断層の長さは施設の建設費用に合わせて、原発まで伸びてこないように何分の一かに短縮され、起こり得る地震の震度の値が小さく決められていることが判明した。事故情報は、報道関係者らに対しても厳しく制限されており、情報の信憑性は心配である。人々の大きな関心と事態の核心に迫る監視の目が必要である。ベルベオーク夫妻の本著は、事態の核心を理解するための指針として、大いに参考になるであろうと確信している。

二〇〇七年七月二十五日

桜井醇児

[著者紹介]

ロジェ・ベルベオーク、ベラ・ベルベオーク

（Roger et Bella Belbeoch）

夫妻は共に1928年生まれ。夫のロジェ・ベルベオークはパリ南大学のオルセー研究所で、粒子加速、高エネルギー物理の研究に従事。妻のベラ・ベルベオークはフランス原子力庁所属のサックレー原子核研究所で、X線による物性物理、結晶構造研究に従事。現在は共に引退。両人ともフランスの反原発グループのイデオローグとして、原発の即時廃止を強く主張し続けてきた。著書に『チェルノブイリの惨事』（桜井醇児緑風出版、1994年）他がある。

[訳者紹介]

桜井醇児（さくらい　じゅんじ）

1936年　京都生まれ。富山大学名誉教授。現職時代の専門研究テーマは、極低温・磁性実験。フランス・グルノーブル原子エネルギー研究所に留学中に、ベルベオーク夫妻と知り合い、夫妻の徹底した原発批判に啓発された。

原発《げんぱつ》の即時廃止《そくじはいし》は可能《かのう》だ

2007年8月25日　初版第1刷発行　　定価1800円＋税

著　者　ロジェ・ベルベオーク、ベラ・ベルベオーク

訳　者　桜井　醇児

発行者　高須次郎

発行所　緑風出版 ©

〒113-0033　東京都文京区本郷2-17-5　ツイン壱岐坂

［電話］03-3812-9420　［FAX］03-3812-7262［郵便振替］00100-9-30776

［E-mail］info@ryokufu.com［URL］http://www.ryokufu.com/

装幀・制作　R企画　印刷　シナノ・巣鴨美術印刷

製本　シナノ　用紙　大宝紙業　E1500

Printed in Japan　ISBN978-4-8461-0710-9　C0036